领略"毛虫之长"

# 老虎的威风

主编◎王子安

Animal

汕頭大學出版社

图书在版编目（ＣＩＰ）数据

领略“毛虫之长”老虎的威风 / 王子安主编. -- 汕头 : 汕头大学出版社, 2012.5（2024.1重印）
ISBN 978-7-5658-0822-7

Ⅰ. ①领… Ⅱ. ①王… Ⅲ. ①虎－普及读物 Ⅳ. ①Q959.838-49

中国版本图书馆CIP数据核字(2012)第097968号

**领略“毛虫之长”老虎的威风** LINGLÜE “MAOCHONGZHIZHANG” LAOHU DE WEIFENG

主　　编：王子安
责任编辑：胡开祥
责任技编：黄东生
封面设计：君阅书装
出版发行：汕头大学出版社
　　　　　广东省汕头市汕头大学内　邮编：515063
电　　话：0754-82904613
印　　刷：唐山楠萍印务有限公司
开　　本：710 mm×1000 mm　1/16
印　　张：12
字　　数：65千字
版　　次：2012年5月第1版
印　　次：2024年1月第2次印刷
定　　价：55.00元
ISBN 978-7-5658-0822-7

# 前　言

这是一部揭示奥秘、展现多彩世界的知识书籍，是一部面向广大青少年的科普读物。这里有几十亿年的生物奇观，有浩淼无垠的太空探索，有引人遐想的史前文明，有绚烂至极的鲜花王国，有动人心魄的考古发现，有令人难解的海底宝藏，有金戈铁马的兵家猎秘，有绚丽多彩的文化奇观，有源远流长的中医百科，有侏罗纪时代的霸者演变，有神秘莫测的天外来客，有千姿百态的动植物猎手，有关乎人生的健康秘籍等，涉足多个领域，勾勒出了趣味横生的“趣味百科”。当人类漫步在既充满生机活力又诡谲神秘的地球时，面对浩瀚的奇观，无穷的变化，惨烈的动荡，或惊诧，或敬畏，或高歌，或搏击，或求索……无数的探寻、奋斗、征战，带来了无数的胜利和失败。生与死，血与火，悲与欢的洗礼，启迪着人类的成长，壮美着人生的绚丽，更使人类艰难执着地走上了无穷无尽的生存、发展、探索之路。仰头苍天的无垠宇宙之谜，俯首脚下的神奇地球之谜，伴随周围的密集生物之谜，令年轻的人类迷茫、感叹、崇拜、思索，力图走出无为，揭示本原，找出那奥秘的钥匙，打开那万象之谜。

不论如何，作为陆地最强大的动物，虎是世界上最广为人知的动物之一，它们出现在许多古代的神话和民俗传说，现代的电影和各类媒体中。在许多的旗帜、战袍、甚至运动会的吉祥物中都可以见到它们的图案。部分亚洲国家也以虎作为代表国家的动物。虎与人类的关系密切，人类的活动使虎的栖息地缩小、分隔，人虎冲突和对虎的利用造成了对虎的大肆捕杀，目前这个物种已经十分濒危。

《领略“毛虫之长”老虎的威风》一书以轻松的笔调叙述了万兽之王老虎的种种。其中第一章是老虎形态特征、生活习性、生长繁殖等方面的概述；第二章讲述的老虎的起源与分布；第三章介绍的是老虎的分类，其中包括东北虎和华南虎等；第四章叙述的是老虎与文化的关联；第五章则介绍了中国用“虎”命名的地区；第六章阐述的是中国文学中有关虎的文化。本书结构清楚，语言通俗易懂，是动物爱好者的最佳读物。

此外，本书为了迎合广大青少年读者的阅读兴趣，还配有相应的图文解说与介绍，再加上简约、独具一格的版式设计，以及多元素色彩的内容编排，使本书的内容更加生动化、更有吸引力，使本来生趣盎然的知识内容变得更加新鲜亮丽，从而提高了读者在阅读时的感官效果。

由于时间仓促，水平有限，错误和疏漏之处在所难免，敬请读者提出宝贵意见。

2012年5月

# 目录

领略"毛虫之长"老虎的威风

## 第一章 老虎概述



## 第二章 老虎的起源与分布



## 第三章 老虎的种类

# 目录

领略"毛虫之长"老虎的威风

## 第四章 老虎与文化



## 第五章 中国用"虎"命名的地区

# 1 老虎概述

老虎是最大的猫科动物，拥有现存猫科动物中最大的体型、最强大的力量、最长的犬齿、最锋利的爪子、最大的咬力。古时，人们对虎这种动物是相当畏惧的。由于虎性威猛无比，古人多用虎象征威武勇猛。《风俗通义》中说：“虎者阳物，百兽之长，能执搏挫锐，噬食鬼魅。”如“虎将”，喻指英勇善战的将军；“虎子”，喻指雄健而奋发有为的儿子；“虎步”，指威武雄壮的步伐；“虎踞”，形容威猛豪迈。但虎也经常伤人，而世上毕竟没几个武松。古人通常会在自己畏惧的东西前冠以“老”字，以表示敬畏和不敢得罪的意思。有些地方因为迷信，在说到老虎时，往往不敢直呼其名而呼之以“大虫”。

老虎被称为万兽之王，就是因为以我们中国人的思维看老虎头上有三条横线，像个“王”字。之所以说老虎是万兽之王，是因为它的体型巨大，而且是靠捕食其他动物为食的，在整个食物链里面，它处在一个顶级的阶段，靠吃其他动物生存，所以它在维持生态平衡里面起到了一个非常重要的作用。

20世纪初，全亚洲估计共有约十万头老虎，但其后数量便缩减达九成之多，迄今只余下少于7000头野生老虎。一直以来，猎人为搜集虎皮、制作标本及装饰物而不断猎杀老虎，也有人以老虎身体部分研制中药材。19世纪末及20世纪初，射杀老虎更被当成了一项运动，1911年，短短11天内在尼泊尔便有39头老虎被同一群人射杀。在中国，老虎被视为“害兽”，“除害”更可获得赏金。从20世纪40到70年代的30年间里，共有3000头华南虎被猎杀。种种原因导致老虎的数量急剧下降。

本章我们就来了解一下老虎的形态特征、生活习性，以及成长繁殖的情况。

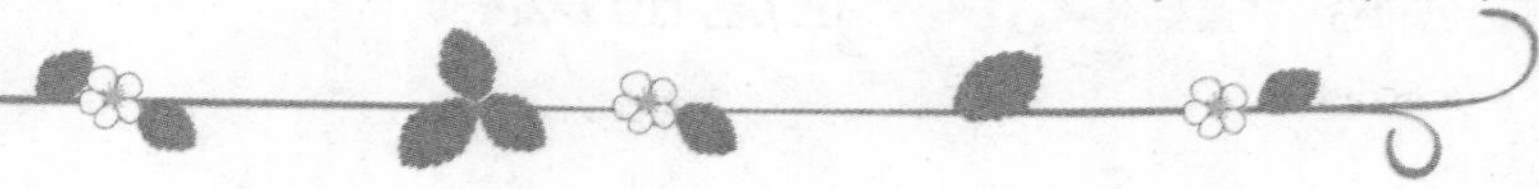

## 老虎的形态特征

虎的身型巨大，体长约119~290厘米，亚种当中体型以东北虎为最大，苏门答腊虎体型最小。虎的体毛颜色有浅黄、桔红色不等。它们巨大的身体上覆盖着黑色或深棕色的横向条纹，条纹一直延伸到胸腹部，那个部位的毛底色很浅，一般为乳白色。生活在俄罗斯东部和中国北部的东北虎在几个亚种当中体毛最长，足以抵挡北地的严寒。一般来

※ 东北虎

说，所有的虎的毛冬天都会比夏天长，体毛颜色和花纹也会比较浅。虎的头骨滚圆，脸颊四周环绕着一圈较长的颊毛，这使它们看起来威风凛凛。雄性虎的颊毛一般比雌性长，特别是苏门达腊虎。虎的鼻骨比较长，鼻头一般是粉色的，有时还带有黑点。它们的耳朵很短，形状如半圆，耳背是黑色的，中间也有个明显的大白斑。虎的四肢强壮有力，前肢比后肢更为强健。它们的尾巴又粗又长，并有黑色环纹环绕，尾尖通常是黑色的。

每只老虎脸谱都不一样，斑纹鲜艳而复杂，看起来威风异常。额头的斑纹形似个"王"字，难怪虎皮又象征着权势。由于每只老虎脸部的斑纹都不相同，就像人类指纹一样，调查人员可用来辨认不同个体。

老虎的犬齿状如匕首，是

肉食动物中最长的。特别注意犬齿与臼齿间出现的大缝隙，如此在攻击时，犬齿便能咬得更深，就连臼齿也尖锐锋利，可切开皮肉。最特殊的是门齿，排成一直线，像一把刮刀，可刮下骨头表面黏附的残肉。肉块到了嘴里会全数吞下，并不咀嚼。

老虎的夜间视力是人类的6倍，这也是为什么黑暗中它们的眼睛看起来好像会发光。老虎的耳朵和其他猫科动物一样，对高频率音波很敏感，两耳还可随声音来源转向。老虎的爪子伸缩自如，它们像猫一样也经常磨爪子，而且每个爪子皆附有一骨质爪鞘，行走或奔跑时爪子缩入鞘里，避免磨损，所以能永保锋利。相比之下，熊或犬等动物就没有爪鞘。

老虎身上多为纵纹，在光线和阴影交错的密林里，老虎身上的彩纹正好与黄昏草丛背景融为一体，且纵向的斑纹可以打破身体的轮廓线，让猎物不易发觉有一个“虎形状”的动物靠近它，是很好的保护色。

## 老虎的生活习性

老虎属食肉动物，它们通常捕食大型哺乳动物，包括各种野鹿、野羊、野牛、野猪，有时也捕捉各种小动物，像鸟类、猴子、鱼等等。据说它们连昆虫和浆果也吃，为了帮助

※野 牛

消化，它们也会偶尔啃点草。有时饿极了老虎也会捕食人类家畜，甚至杀人（吃人的虎经常是那些老弱病残，无法对付健康动物的可怜家伙，而这种惨剧通常只有在人类进入虎的领地后才会发生），因此遭到某些人类的憎恨。如果食物吃不完，它们也会把剩下的藏起来，通常是距离水源不远的地方，等过几天再来吃。而在动物园饲养老虎时一般投喂牛、羊和鸡肉，辅助地添加鸡蛋、牛奶和其他矿物质以及微量元素。

※野 鹿

※猴 子

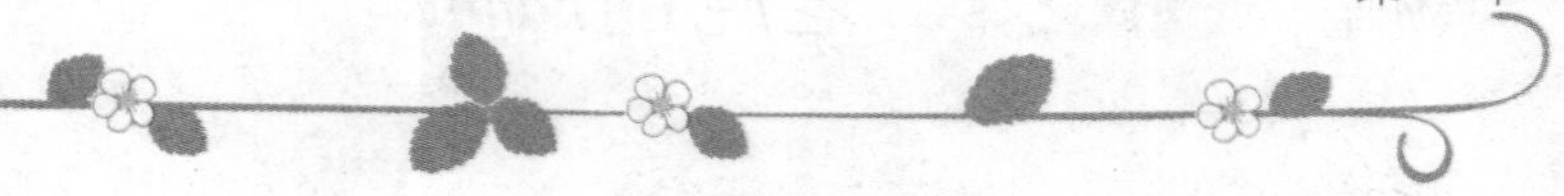

老虎是捕猎能手，老虎遇到猎物时会伏低，并且寻找掩护，慢慢潜进，等到猎物走近攻击范围内，就突然跃出，攻击背部，这是为了避免猎物反抗受到伤害。老虎会先用爪子抓穿猎物的背部，并且把他拖倒在地，再用锐利的犬齿紧咬住它的咽喉使它窒息，或者是直接咬断颈椎，直至猎物死亡才松口。在寒冷的北部居住的老虎有时在白天也得出动四处捕食。偷袭和爆发力是虎在野外善用的狩猎手段，因为虎短距离奔跑的速度非常快，但是这种速度无法维持持久。在野外，虎捕食成功的机率很低，通常15次到20次才能成功一次，由此可见，在自然条件下，老虎

并不会导致猎物的绝种。更不会对猎物的群落数量造成严重的影响。然而随着人类不断破坏老虎的栖息之地，砍伐及烧毁植物，以及大量的捕杀老虎赖以生存的动物，老虎的存活就备受威胁。

尽管老虎没有长距离快速奔跑的耐力，但是它们能长途旅行。一只西伯利亚虎为了搜捕猎物，可以花22天的时间旅行990公里。它们还会发出各种声音，从高喊到喊破喉咙似的咆哮，在1.6公里外就能够听到老虎的叫声。它们被人类饲养时如果感到悲伤，就会大声咆哮，并且绕着展示区不断的跑。

老虎喜欢独居，并且是一种地域性很强的动物，它们需

※ 西伯利亚虎

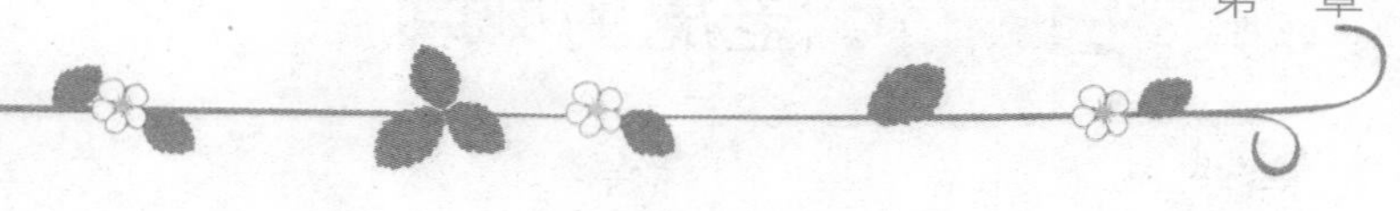

※ 老 虎

要1280到1580平方公里的范围作为它们的地盘。以至于被人类饲养时，这些动物也需要较大的空间。老虎只是在春天交配的季节才会和其他老虎聚集在一起。母老虎通常只和它们的幼虎一起活动，但公虎仍可能常和自己的配偶及孩子们待在一起。成年虎，尤其是同胞兄弟姐妹之间很可能在一段时间内（未知是否长期性）相互协作，共享收获。虎利用在树干上抓挠以及喷洒排泄物来划分自己的领地范围，一个公虎的领地内可能有不止一只母虎，不过母虎之间的领地未必交叠。公虎对自己的领地严格捍卫，领地面积过大，就难免有人想占便宜。面对无耻的入侵者，公虎通常是奉行杀无赦

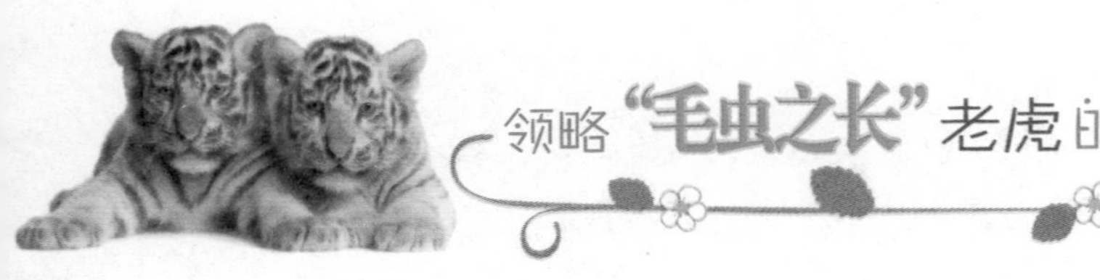


政策，而且这样也能减少自己未来的竞争对手。母虎一般没这么无聊，即便它们的邻居死了，它也未必会去开拓疆域。

※老虎

老虎基本上是单独夜行动物，依靠它们的视力和听力（而非嗅觉）来定位猎物。它们在晚上猎食，西伯利亚虎会把杀掉的猎物藏起来，它们有能力拖动十二个人也难移动的重量。但是在有些远离人类的保护区里，它们也会在白天出来溜达。

老虎也是游泳高手，因为它们缺少汗腺，所以为了避开白天的炎热，它们经常泡在水池中。夏季到来之后它们总会四处找树荫躲着，也会在长草

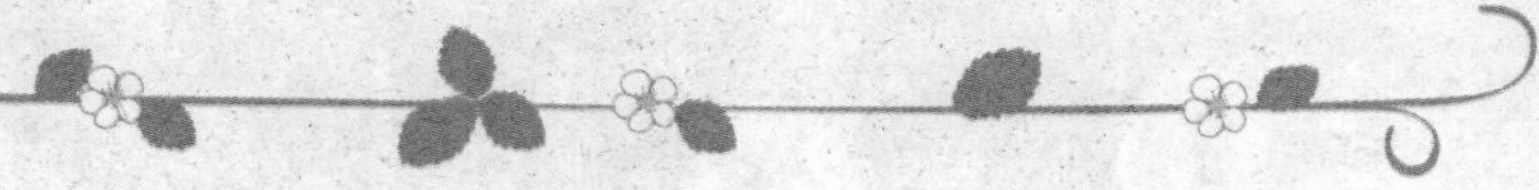

地和岩洞中休息。由于游泳技术高超，它们更是十分热爱游泳，炎热地区的虎特别喜欢在水塘泡澡嬉戏。不过它们的爬树本领就远比不上游泳技能了，估计这是体型太大太重所致。

## 老虎的成长繁殖

老虎的生长发育过程：刚出生的老虎，体重雌雄有差别，雄性1100～1610克，雌性950～1600克。6~14天睁开眼睛，20天左右学会走路，哺乳5～6个月。一岁大的时候就能跟随母虎外出活动，母虎教幼虎捕食小动物，直到2岁可

※老虎

同母虎分开，独立生活。东北虎可能生长的要慢些，甚至有的年轻幼虎在母虎身边呆4年。一般母虎有了新的宝宝之后，这些小虎就会离开母虎。年轻的母虎一般在36～48个月成熟，而公虎需要48～60个月，寿命最长的虎可达26岁。

老虎没有固定的繁殖期，不过它们常在每年的11月至次年的4月份四处寻找配偶。这种时候，往往会有几个雄性老虎追求一个雌性老虎，只有比武获胜者才是最终的配偶。母虎孕期大约93～112天，每次通常产下2～3个虎崽，最多可产6～7个。但最终幸存下来的却是比较少的，通常为1～2只。老虎在被人类饲养的情况下繁殖率会相对高一些。

# 老虎的起源与分布

2

有资料显示，老虎是由古食肉类进化而来的。在第三纪早期，古食肉类中的猫形类有数个分支：其中一支是古猎豹，贯穿各地质时期而进化为现今的猎豹；一支是犬齿高度特化的古剑齿虎类；一支是与古剑齿虎类相似的伪剑齿虎类；最后一支是古猫类。古剑齿虎类和伪剑齿虎类分别在第三纪早期和晚期绝灭，古猫类得以幸存。其中，类虎古猫就是现今的虎的祖先。后来，古猫类又分化为三支：真猫类、恐猫类和真剑齿虎类。其后二者均在第四纪冰河期灭绝，只有真猫类幸存下来，并分化成猫族和豹族两大类群而延续至今。现今的虎，就是豹族成员之一。

关于虎的历史起源，目前比较公认的观点是：200万年前虎起源于东亚（即现今华南虎的分布区），我们国家的华南虎是我们国家特有的，被认为可能是所有老虎的祖先，是一个原始的类群。然后沿着两个主要方向扩散，即虎沿西北方向的森林和河流系统进入亚洲西南部；沿南和西南方向进入东南亚及印度次大陆，一部分最终进入印度尼西亚群岛，在向亚洲其他地域扩散和辐射适应的过程中，虎演化为8个亚种，即华南虎、西伯利亚虎、孟加拉虎、印支虎、苏门答腊虎、巴厘虎、爪哇虎和里海虎。由此可见，虎曾经广泛分布在西起土耳其，东至中国和俄罗斯海岸，北起西伯利亚，南至印度尼西亚群岛的辽阔土地上。至20世纪中叶，里海虎、爪哇虎、巴厘虎已经灭绝。中国曾经分布有华南虎、东北虎（西伯利亚虎）、孟加拉虎、印支虎和里海虎（新疆虎）（已灭绝）等5个亚种。本章我们就来了解一下老虎起源的化石证据、老虎在世界上其他地区和在我国的分布情况，以及老虎的变种。

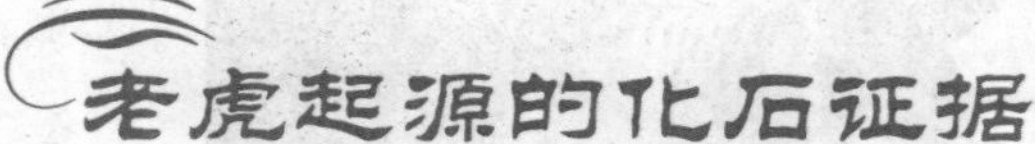


# 老虎起源的化石证据

现代的虎、狮、豹在外形上很容易区别，虎身上布满条纹，豹身上布满斑纹，狮子身上则条纹和斑纹均无，雄狮头上有鬃毛。但是如果只有个体骨骼，则很难区别。因此，要弄清楚虎的起源，就必须依靠颅骨化石，尤其是牙齿化石。在我国已经发现的化石中，时代最早的虎化石可能是古中华

※ 老 虎

※ 狮 子

※ 豹 子

※ 古中华虎化石

三十八地点发现的，这个地点的确切地质年代至今尚不清楚。但是据有关专家推断，其时代至少在距今200万年以上，这是因为，第一，含化石的岩性是

虎，这个虎种是1924年瑞典古生物学家Zdansky所建，标本是一个保存比较完好的属于同一个体的头骨、下牙床和一个寰椎（即第一颈椎），化石是当时在我国政府担任矿业顾问的瑞典地质学家Anderson于1920年在河南渑池兰沟第

红土，据Zdansky记述，和我国华北各地典型的含晚中新世三趾马动物群的红土很接近，而不像时代比较晚的第四纪的

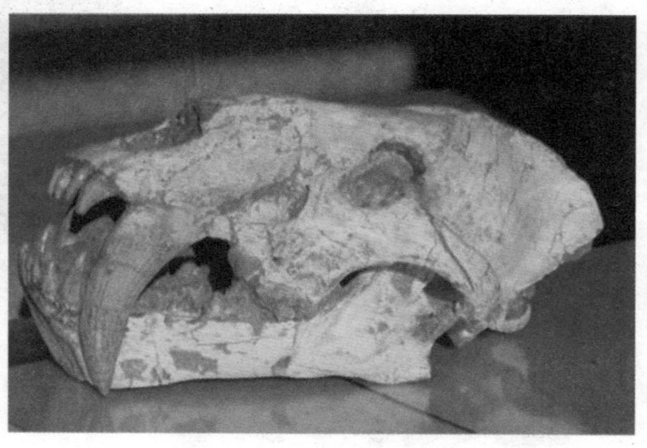

※ 三趾马动物化石

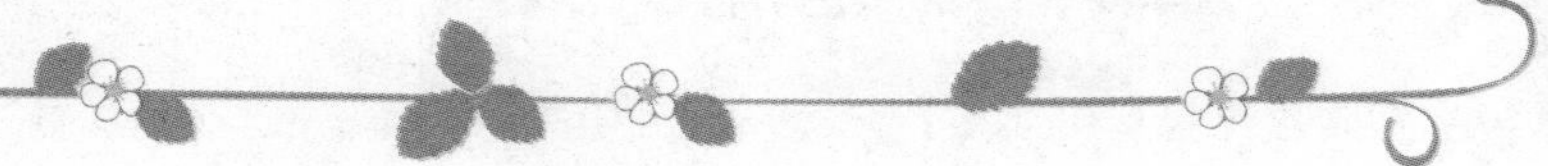

比较松散的黄色或绿色的砂岩或黄土，这表明它的时代可能介于上述两者之间；第二，在同一地点还发现过中华长鼻三趾马化石，这种化石主要发现于我国距今大约300万年至200万年的地层中，在极个别的情况下可能残存至距今100万年左右。关于这个种是否应该归入虎类，科学界还有不同的看法。1967年德国科学家Hemmer所著文章中详细讨论了这个种的性质。在很仔细地讨论了每一块骨头的形态特征并作了详细的测量和对比之后，得出的结论是，它的绝大部分特征都和虎更为接近，只是个体比虎小，而稍大于豹，因此

※ 剑齿虎化石

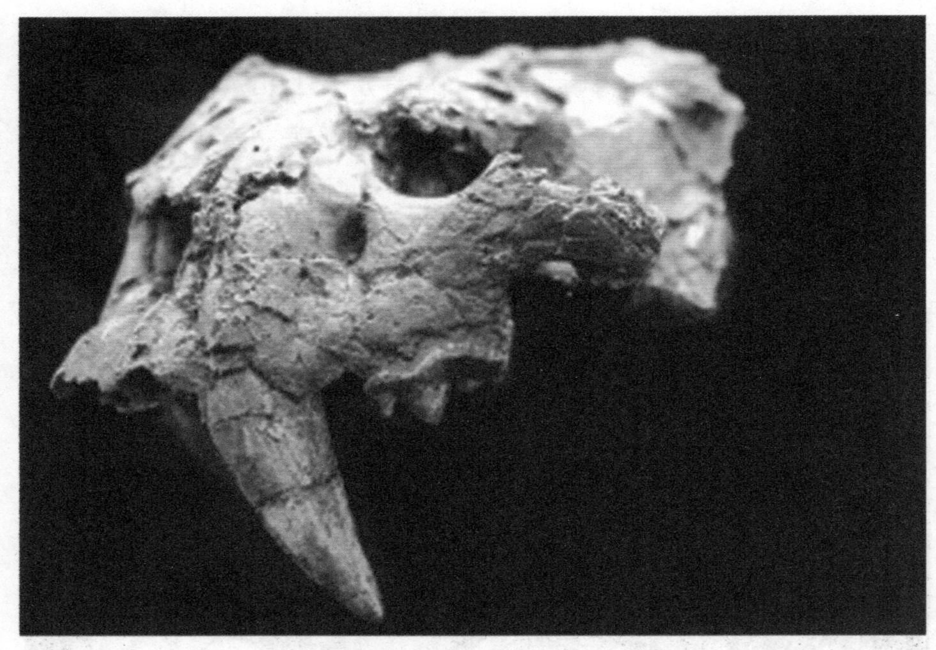

※ 剑齿虎化石

应为虎的一个亚种。这一结论比较可信，因而可能是虎的祖先。

真正的虎的材料首次出现于陕西蓝田公王岭。化石发现得不多，只有一段上颌和一件不完整的下颌。这两件标本已经和现在的虎很难区别了，在大小上比现在的虎稍微大一点。公王岭地点的地质年代开始时认为可能只比周口店稍稍早一点，为中更新世初期，亦即距今大约60万年。从20世纪70年代开始，随着古地磁地层学的发展，至少距今100多万年前虎就和人类的祖先——蓝田人在一起生活。到中更新世时，也就是从距今60万年左右

开始，虎的化石较多，至少在我国的东半部普遍可以发现。发现化石最多的，在华北是在著名的周口店北京人产地；而在华南则是在四川万县盐井沟裂隙堆积中发现的虎化石，据统计至少有46个个体。

## 美洲剑齿虎的出现

人们普遍公认，第三纪才是剑齿动物的鼎盛时期。到了第四纪的更新世，各种现生的猫科和犬科动物都已经出现。在这些新生力量的冲击下，剑齿动物无论在种类还是数量上

※剑齿虎

都已大不如前。然而仅存的剑齿虎家族也正是在更新世发展到了顶峰，在这些最后的优秀成员中有似剑齿虎和异剑齿虎，还有剑齿虎家族最光彩耀眼的一颗明星——美洲剑齿虎。

美洲剑齿虎出现于上新世晚期，是当年巨剑齿虎进入美洲之后演化出的新类型。它们长有非常夸张而尖锐的“匕首牙”，体型巨大，而且灭绝晚、出土化石很多，又主要发现在古生物学最发达的美国，因而尽管它们在三百万年间从来没有走出

※ 剑齿虎

新大陆一步，但常常被当作是最“正宗”和“标准”的剑齿猫科动物，以至于“剑齿虎”一词可以作为它们的专称，而其他成员只能在名字前面冠以“拟”、“巨”、“似”之类的额外修饰词。本属最早期的物种是生活在300万年前～30万年前的“纤细剑齿虎”，它们的体形较小，估计体重不过80公斤，但仍不失为一种令人生畏的猛兽。

※ 狮 子

在所有剑齿猫科动物中最著名的就是生活在北美洲的“命运剑齿虎”，这个可怕名字很大程度上来源于其模样：

呈马刀状的剑齿超过12厘米长，上下颌可张开95度。它们的身躯结实有力，比狮虎强壮得多。实际上，它们更接近熊的钝重体态，骨骼粗大，前腿比后腿长，尾巴很短。因此，虽然命运剑齿虎的个体大小和狮子接近——平均体长2米、肩高1～1.2米，但近来的研究认为其体重可以达到普通雄狮的1.5倍甚至2倍，也就是270～360公斤。不过，比起它们的南美兄弟"一般剑齿虎"，它们只能算中等个头。

200万年前，巴拿马地峡隆起，南北美大陆再次被连接起来，剑齿虎也追逐着自己的猎物进入了南美洲。在这里它们很快取代了原有的霸主袋剑齿虎和恐鹤，成为当地的顶尖食肉兽。由于南美洲同样存在大量体形巨大的猎物——如

※ 恐鹤

※ 雕齿兽

各种奇形怪状的南方有蹄类、大型地懒、雕齿兽和居维叶象，捕食者间的竞争又少，于是它们比北美洲的同族演化出了更庞大的体形，身长最大可达2.7米，是剑齿猫科动物中个体最大的成员，还拥有长达18～20厘米的剑齿。甚至有的破碎化石显示，最大的“一般剑齿虎”个体肩高可能达到1.65米，堪称食肉类的王中之王。

美洲剑齿虎如何猎食一直是古生物学界的争论焦点，因为长达十几厘米的剑齿尽管够威风，但科学家早已证明它

们十分脆弱，与短粗的"弯刀牙"相比更容易断裂。这样的剑齿自然不能随心所欲地使用，既不能像恐猫那样硬咬脖子或头骨，又不能像似剑齿虎一样用牙在猎物身上乱划。在洛杉矶有一个著名的拉布雷亚沥青坑，更新世晚期曾有大量野生动物来此喝水时陷入泥沼并长眠于此，保存为化石。这里已发现的美洲剑齿虎骨骸多达2000余具，与同地点发现的食草动物数量相比有些不成比例，故而也有人认为它们可能是食腐动物，看上去十分锋利的剑齿只起恐吓作用。然而，在陷入沥青湖的食草动物中有大量体形巨大的成年猛犸和大型野牛，必须考虑一两只垂死的大型动物吸引大量剑齿虎前来捡便宜的可能性。当前流行的理论认为剑齿虎的长牙主要用于攻击猎物脆弱的腹部或喉咙，而更多人倾向于"割喉

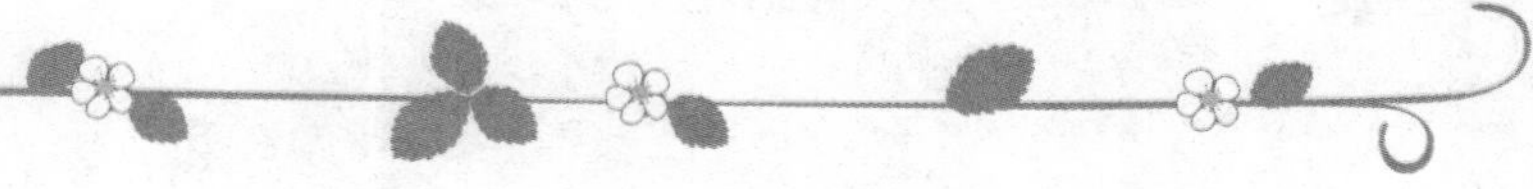

※ 剑齿虎

说”。根据这种观点，它们很可能采用一种独特的捕猎方式：先是和其他猫科动物一样缓慢潜行接近猎物，然后，不是通过追击而消耗猎物体力，而是凭借蛮力与猎物展开肉搏，当彻底制服猎物之后再使用尖刀一样的精锐剑齿，一击切断其颈动脉或气管而致命。这样的确符合剑齿的特点：除末端的“刺”之外前后端边缘也都有锋利的刃，割喉轻而易举；脆而薄的结构和弯曲的形状也有利于更快地插入和拔出，减少剑齿在割喉时卡住或受损的概率。然而，这样的猎食方法真的有效吗？如果猎物已经难以动弹，那么用不用“一击必杀”又有什么区别？并不比狮子老虎咬鼻孔令其窒息的方法更高明。当然，一切都只是猜测。

美洲剑齿虎是否群居也是一个令人感兴趣的问题。很多人认为它们身体之强壮足以单

※ 剑齿虎

枪匹马搞定一头成年公野牛，不过照通常逻辑，猎食如此大的动物应该要依靠群体力量。然而美洲剑齿虎尚无具说服力的群居生活证据。其中一个支持群体生活的理由是：拉布雷亚沥青坑中出土的剑齿虎化石有很多带有骨折等重伤后痊愈的痕迹，故而认为它们有可能受过群体成员的照顾。但这也不是绝对的，如果伤势并非重得无法行动，它们可以在这段时间内充当腐食动物的角色，毕竟它们太强大了。

在更新世时的北美大陆，食草动物种类远比现在丰富的多，食肉动物也是强手如林。除了似剑齿虎、美洲剑齿虎和异剑虎这“美洲三剑客”，这里还生活着很多各怀绝技的猛兽，如重达700千克且凶猛无比的巨型短面熊、比现代狮子大1/4的美洲拟狮、奔跑迅捷无伦的北美猎豹、

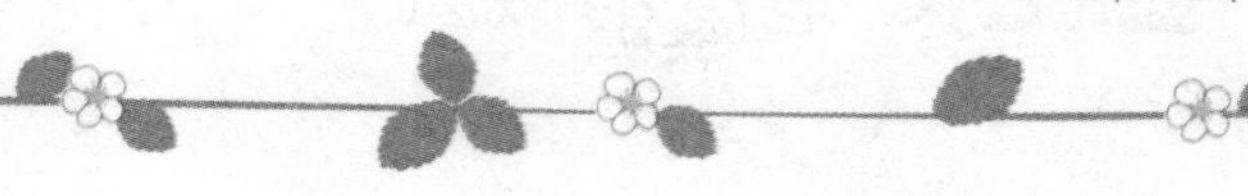

成群结队的恐狼、种类众多的鬣狗类动物、以及生存至今的美洲狮、灰狼和猞猁。虽说北美地域辽阔、食物丰富，但由于如此多的猛兽群聚于此，生存竞争显得异常激烈；而剑齿虎自然也不是弱者。首先，对于任何猛兽来说，长而锋利的剑齿都是极具威慑力的武器，即便不实用也至少可以起到“神经刀”的作用；其次，三类剑齿虎的体型都非常强壮，尤其是前肢粗壮有力，还长有尖锐的前爪，肉搏

※ 猎 豹

※ 鬣 狗

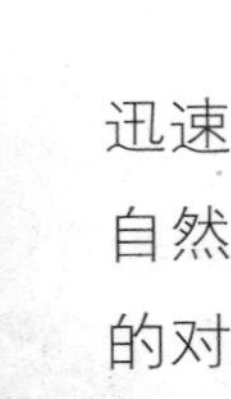

※猛犸

起来也是难以对付的；再加上可能的集群方式会带来较高的猎食效率和抵御外敌的能力，保证了它们不会处于劣势地位。在猎物选择上，美洲剑齿虎和似剑齿虎偏重于猛犸、野牛这样的大型动物，与短面熊、美洲拟狮存在冲突；而异剑齿虎可能主要以西貒为食，与其他食肉动物的直接竞争不大。至于体形较小、奔跑迅速的各种马科、鹿科动物，自然是美洲猎豹和灰狼们追逐的对象了。

从已发现的化石中我们知道，三类剑齿虎在美洲经历了200多万年的成功演化，尤其是美洲剑齿虎在分布范围和数量上都堪称各种食肉动物之冠，也成就了整个剑齿家族最后的辉煌。

※短面熊

令人遗憾的是，这场竞争几乎没有胜利者。随着12000～10000年前冰河期的结束和人类的进入，美洲的剑齿虎和其他几乎所有的大型掠食者都在短短两千年间消失了，我们不知道气候、病毒、猎人和食物剧减哪一个是造成这一悲剧的最大凶手。在剧变来临的时候，剑齿虎们重蹈了当年猎猫科动物的覆辙，把继续生存的名额让给了那些搏斗中的弱者、生存上的强者。昔日处在阴影下的美洲狮和灰狼成了北美仅存的猛兽，而此前已横扫欧亚大陆和北非的棕熊也终于趁机登上新大陆，与原始人一起成为这里的新霸主。

※ 美洲狮

## 老虎在世界上的分布情况

老虎的分布范围可按栖息地及猎物的分布情况不同而划分，以印度的分布地为例，面积只有五百至一千平方公里，范围最大的分布区位于西伯利亚东部，约有一万零五百平方公里。

孟加拉虎分布于印支半岛，估计种群数量约有3060~4735头。西亚虎分布于土耳其、亚洲中部及西部，现已绝种；东北虎分布于中苏边

※ 孟加拉虎

境的黑龙江及朝鲜一带，估计种群数量约有437至506头；爪哇虎分布于印尼爪哇，现已绝种；华南虎分布于华中地区的南部，估计种群数量约有20至30头；巴厘虎分布于印尼巴厘岛，现已绝种；苏门答腊虎分布于印尼苏门答腊，估计种群数量约有400至500头；东南亚虎分布于东南亚大陆地区，估计种群数量约有1180至1790头。

老虎原本有8个亚种，目前已被人类灭掉3个。剩下的5种虎分布在印度、东南亚、我国以及我国东北—俄罗斯远东地区。总的来说老虎是林栖动物，只要不远离水源，它们在林地边缘的沼泽、草原也能适应。

※ 西亚虎

※ 东北虎

※ 华南虎

## 老虎在我国的分布

在我国，老虎有4个亚种，即东北虎、华南虎（中国虎）孟加拉虎、印支虎。其中还有一直存在争议的新疆虎。

东北虎是指所有产于中国、苏联和朝鲜北部的虎。东北虎在我国分布于吉林、黑龙江两省。最北达北纬48°（伊春以北），最南可达北纬

※ 华南虎

41° 50′ ~42° （中朝边界），东边可达东经133°（虎林），西边可达东经126°（通化）及127°（绥化）。南北约700多公里，东西约550公里。在这个范围内，东北虎的产地包括黑龙江北部的小兴安岭、东部的完达山脉，吉黑两省之间的张广才岭，吉林北部的威虎岭、牡丹岭、南部的长白山和老岭，可见产区几乎连绵不断。

※ 印支虎

华南虎这个亚种的分布最广，数量也最多。虽叫华南虎，其实分布远不止华南，而是包括华东、华中、西南的广阔地区以及陕南、陇东、豫西和晋南等的个别地区。华南虎的分布范围，东至东经119°~120°（浙闽边境），西至东经100°左右（青川边境），南至北纬21°~22°（粤桂南端），北至北纬34°~35°（秦岭至黄河一线）。这个范围从东至西超过2000公里，由南到北超过1500公里，分布面积比东北虎大许多倍。

根据20世纪50年代至60年代中叶的情况来看，湖南和江西两省是华南虎的分布中心，数量最多。邻省广东、广西、福建、贵州则是扩散地区，数量也不少。这些省的虎，不但数量多，分布也比较均匀，省内东西南北几乎都发现过老虎。这些省的邻省，如浙江、湖北、四川虎的分布不是那么均匀，仅限于接壤地区（如浙西、鄂西、川

※ 四川虎

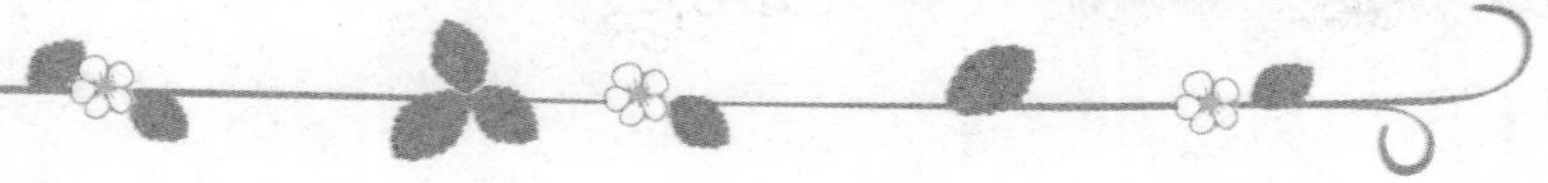

东等地），数量也少。再远一些，如河南（西南部）和陕西（南部）就分布更加稀少了，数量也更少了。至于晋南和陇东，只不过偶尔发现而已。

我国境内也产孟加拉虎，这是解放前所不知道的。20世纪50年代后期听说西双版纳地区有虎，但没有实物证明。直到20世纪60年代初昆明动物园展出几只虎以后，才得到证实。后来又查明西双版纳产虎的具体地点是勐腊、打洛、勐遮、西盟、普洱。西伯利亚地区的老虎存在分类问题，它究竟是孟加拉亚种，还是东南亚亚种呢？从地图上看，勐腊几乎紧邻老挝，而打洛和勐遮则与缅甸接壤，似乎两个亚种有可能在这个地区互相重叠。1975年由昆明送往北京的一只雄虎，外形确实很像孟加拉虎，但仍须更多的实物才好

判明。

另一个产孟加拉虎的地区是西藏东南部波密至察隅的所谓山南地区。这个地区紧靠缅甸北部和印度长期占领的我国西藏喜马拉雅山南麓，离孟加拉国也不很远，也正是孟加拉虎的故乡。这个地区产虎，直到20世纪70年代动物学工作者到该地区作区系调查，才得到肯定。据说墨脱附近的乡民套住过两只虎，可惜工作人员去迟了，皮肉已腐烂，未能制成标本。不过该地区有虎，而且肯定是孟加拉虎。

据文献记载，新疆虎里海虎的一种，产于新疆中部腹地，由库尔勒沿着孔雀河东至罗布泊一段，于1916年在中国境内灭绝。

※ 新疆虎

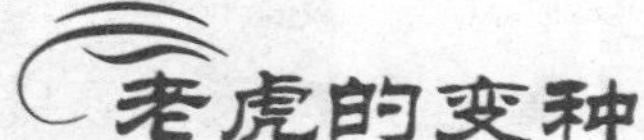

# 老虎的变种

※白虎

所有的白虎分白虎和无条纹白虎，都是孟加拉虎的变种。由于基因突变，导致孟加拉虎原本橙黄色底黑色条纹的毛发转变成白底黑纹。只有当雌雄孟加拉虎双方都带有白色毛皮这一隐性基因的情况下，它们的幼仔才有可能成为白虎。野生的白虎是极为罕见的，现在我们只能在动物园中见到它们。白虎实际上既不是得了白化病的老虎（白化病会导致眼睛变成粉红色）也不是单独的一个老虎的亚种；它们拥有巧克力色的条纹和天蓝色的眼

睛，也有个别变种具有其他颜色的条纹和眼睛。

孟加拉白虎经常被误解成患上白化症，其实不然。真正患上白化症的老虎身上不会有条纹。而孟加拉白虎有正常的黑色或深褐色的条纹。白虎之所以有白底的毛发是由于基因突变。突变后的基因是隐性的，也就是说只有当一对白虎交配时才能肯定产下白虎后代。而一只白虎和一只非白虎交配则只有约四分之一的机会能产下小白虎。

已知只有孟加拉虎拥有上述的隐性基因，但目前许多人工饲养的白虎都是孟加拉虎和东北虎的混种。由于基因库有限，一对白虎交配产下的后代往往有许多健康问题，如斜视症、较弱的抵抗力等。

第一只白色变种的虎仔于

※孟加拉白虎

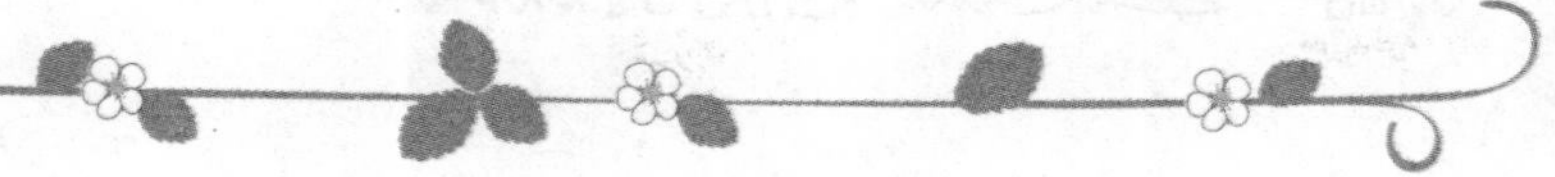

1951年在印度被当地的一位土王摩诃拉伽（意即“伟大的国王”）马尔坦德•辛格发现，当时马尔坦德正在打猎。小白虎被发现时只有9个月大。马尔坦德把这只特别的小虎带回王宫，并为它取名为“莫罕”，意即“令人迷惑者”。这只幼虎长大后与另一只人工饲养的有正常颜色的母虎交配，她产下了三只同样具有正常色彩的幼仔。过了几年，莫汗与其中一位女儿交配，产下了第一胎白虎幼仔——这些就是现在

※白虎

世界上动物园中白虎的祖先。

历史上，中国、韩国、尼泊尔及一些东南亚国家的文献也有记载关于白虎的文字。在中国，白虎更成为了一种神物，唯有当帝王具备德政或是天下太平的时候才会出现，所以现在的中国大陆动物园都很热衷于繁育白虎等“吉祥异兽”。在四象中，白虎和青龙对应，是代表西方的灵兽。

※白虎

※白虎

由于白虎的颜色特殊，有极高的观赏价值，因此在全世界的动物园和马戏团里都很受欢迎。著名的拉斯维加斯表演组合齐格飞与罗伊的招牌戏就是白虎表演。

【四象（或作四相）——在中国传统文化中指青龙、白虎、朱雀、玄武，分别代表东西南北四个方向。在二十八宿中，四象用来划分天上的星星，也称四神、四灵。春秋易传的天文阴阳学说中，是指四季天然气象，分别称为少阳、太阳、少阴、太阴。中国传统方位是以南方在上方，和现代以北方在上方不同，所以描述四象方位，又会说左青龙（东）、右白虎（西）、前朱雀（南）、后玄武（北）来表示，并与五行学在方位（东木西金，北水南火）上相呼应。四象的概念在古代的日本和朝鲜极度受重视，这些国家常以四圣、四圣兽称之。值得注意的是，虽然近来受到日本流行文化的影响，而开始习惯这种说法，但事实上中国历来对此四象并没有四圣的说法，一般所指的四圣乃伏羲、文王、周公和孔子等四个圣人。四象也指风、雨、雷、电，四种自然天候气象。】

# 老虎的种类

两千多年前，中国先哲就认识到人与自然相谐相生，笼统地提出了“天人合一”的思想。联合国在里约热内卢召开的世界环境大会上，明确提出了“可持续发展”的理论。人类社会经过千万次惨痛教训终于清楚地认识到，只有切实保护人类赖以生存的自然生态环境，经济建设和人类文明才有可能持续发展。人和虎在地球上共同生活的历史非常久远。中华虎文化渊源流长。

但近年来，虎的数量在急剧减少，产在我国的东北虎、华南虎、孟加拉虎，已到了濒危的程度。随着世界上虎的不断减少，全球保护虎的呼声日益高涨。20世纪70年代，世界自然基金会就开始了援救老虎的行动，随后在印度、西伯利亚、我国也都采取了严加保护措施，发布野生动物保护法，对全国饲养在动物园的三种虎在人工饲养条件下进行繁殖。北京动物园饲养的东北虎从20世纪50年代到现在已繁殖成活了122头。1995年中国动物协会还为了挽救华南虎专门成立了华南虎协调委员会，统一协调华南虎的救助工作，将我国目前动物园圈养的30多头华南虎纳入我国《21世纪议程》、《中国生物多样性保护行动计划》。1996年世界自然保护联盟动物繁殖专家组来我国，对上海、重庆、苏州等动物园的华南虎现状作了详细调查，共同采取人工复壮措施。只要全社会都增强生态意识，加上有关部门投入相应的人力、资金等，挽救虎的这一珍贵物种免于灭绝还是有希望的。

中国是虎的发源地，在其长达200万年的生存和进化史中，虎的分布逐渐从中国扩散到印度、土耳其、俄罗斯的西伯利亚、东南亚以及中亚地区。但在近100年中，虎的分布范围和种群数量都急剧萎缩。作为虎的故乡，中国现有野外虎的数量可能不超过50头。

本章我们就来为大家分别详细介绍一些东北虎、华南虎、孟加拉虎、东南亚虎、苏门答腊虎、西亚虎、爪哇虎、巴厘虎，以及美洲虎的相关知识。

# 东北虎

## ★ 形态习性

东北虎又称西伯利亚虎、东亚虎、满洲虎、阿穆尔虎、乌苏里虎、朝鲜虎、亚洲虎。是指所有产在我国、俄罗斯远东地区和朝鲜北部的虎。论个头，东北虎是最大而最漂亮的一个亚种，雄虎首尾身长可达3米左右、重量达310千克左右，最大的野生东北虎纪录为384千克。体色夏毛棕黄色，冬毛淡黄色，斑纹较疏淡。背部和体侧具有多条横列黑色窄条纹，通常2条靠近呈柳叶状。头大而圆，

※ 东北虎

前额上的数条黑色横纹，中间常被串通，极似“王”字，故有“丛林之王”之美称。耳短圆，背面黑色，中央带有1块白斑。胸腹部和四肢内侧是白色毛，尾巴粗壮点缀着黑色环纹。

东北虎一般住在600~1300米的高山针叶林地带和野草丛生的地方。白天常在树林里睡大觉，喜欢在傍晚或黎明前单独外出觅食，而且每只虎都有一定的地盘范围，范围可达60平方公里以上。东北虎感官敏锐，体魄雄健，性凶猛，行动迅捷。善于游泳，6~8千米宽的河，很容易渡过。靠视觉和听觉捕猎，虎爪和犬齿利如钢刀，锋利无比，长度分别为6厘米和10厘米，是撕碎猎物时不可缺少的“餐刀”，也是它赖以生存的有力武器。它还有条钢管般的尾巴。东北虎捕猎时潜伏等候或小心潜近猎物，一旦目标接近，便“嗖”地窜出，扑倒猎物，或用尖

爪抓住对方的颈部和吻部，用力把它的头扭断；或用利齿咬断对方喉咙；或猛力一掌击到对方颈椎骨，将其弄死后拖到隐蔽处再慢慢吃。野外主要捕捉野猪、黑鹿和狍子等大中型哺乳动物，有时也会扑食小型哺乳动物和鸟。

它生性内向，胆小孤独、多疑、凶猛、强壮有力，动作敏捷，在丛林中出没无常，一般人很难亲眼目睹野生的东北虎。传统上认为：其他虎种均为东北虎向地球其他地区扩展分化出来的。在生态环境中也处于顶层的王者地位。

※ 东北虎

东北虎一年大部分时间都是四处游荡，独来独往，没有固定住所。只是到了每年冬末春初的发情期，雄虎才筑

※ 东北虎

巢，迎接雌虎。不久，雄虎多半不辞而别，把产仔、哺乳、养育的任务全部推给雌虎。雌虎怀孕期约105～110天，多在春夏之交或夏季产仔，每胎产2~4仔，4～5岁性成熟，寿命20～25年。雌虎生育之后，性情特别凶猛、机警。它出去觅食时，总是小心谨慎地先把虎仔藏好，防止被人发现。回窝时往往不走原路，而是沿着山岩溜回来，不留一点痕迹。虎仔稍大一点，母虎外出时将它们带在身边，教它们捕猎本领。一两年后，小虎就能独立活动。

※ 东北虎

东北虎如传说的山神一样，拥有火一样的神灵目光。它的身体厚实而完美，背部和前肢上的强劲的肌

肉在运动中起伏，巨大的四肢推动向前，是那样的平稳和安静，看起来就像在丛林中滑行一样，它相对地拥有尖硬的锯牙钩爪，拥有5个非常锐利的虎爪，使用时伸出，不用时缩回爪鞘避免行走时摩擦地面。

※ 东北虎

中国科学家在解剖东北虎的时候，发现它的肌肉一打开之后，比最好的健美运动员的肌肉还要好看，还要结实，肌纤维极为粗，浑身上下，很少能找到多余的脂肪，强壮的骨骼附有强大的肌肉，证明这种动物有极强的爆发力。

常言道："谈虎变色"，"望虎生畏"。在人们心目中，老虎一直是危险而凶狠的动物。然而，在正常情况下东北虎一般不轻易伤害人畜，反

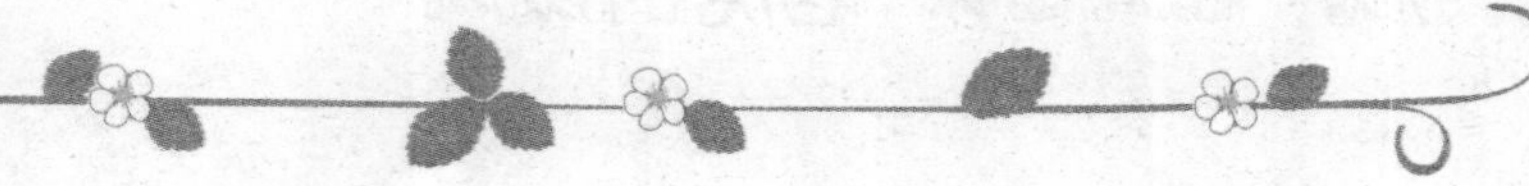

而是捕捉破坏森林的野猪、狍子的神猎手，而且还是恶狼的死对头。为了争夺食物，东北虎总是把狼赶出自己的活动地带。人们赞誉东北虎是“森林的保护者”。所以东北人外出时并不害怕碰见东北虎，却担心遇上吃人的狼。

★ 分布情况

原分布于西伯利亚、远东、朝鲜半岛、东北平原、华北平原，现在我国只分布于吉林、黑龙江两省，但生存范围已变得很小。在朝鲜半岛分布的老虎，曾被认为是一个单独的亚种——朝鲜虎。据说毛色和普通东北虎不同，而且体型要更小些。由于朝鲜半岛的老虎几近灭绝，所以无从考证。

※东北虎

因而在没有十分确切的证据下，国际上普遍把朝鲜半岛产的虎列类东北虎。

20世纪70年代末期，东北虎的分布还相当广范，分布区曾遍及大、小兴安岭、张广才岭、完达山、威虎岭、牡丹岭、长白山和老爷岭，苏联的黑龙江流域、俄远东地区、朝鲜半岛。1967年以后，大兴安岭再没有东北虎的记录；20世纪80年代，在小兴安岭及朝鲜半岛绝迹；90年代以来，在长白山区亦销声匿迹，只有少数个体残存在吉林珲春县春化林区。

据1987年统计，世界各国的动物园（中国未计在内）现在养的东北虎仅有623只。最近一次的黑龙江省调查结果表明，目前东北虎在黑龙江的分布区又明显向中俄边境地带退缩，并形成了老爷岭南

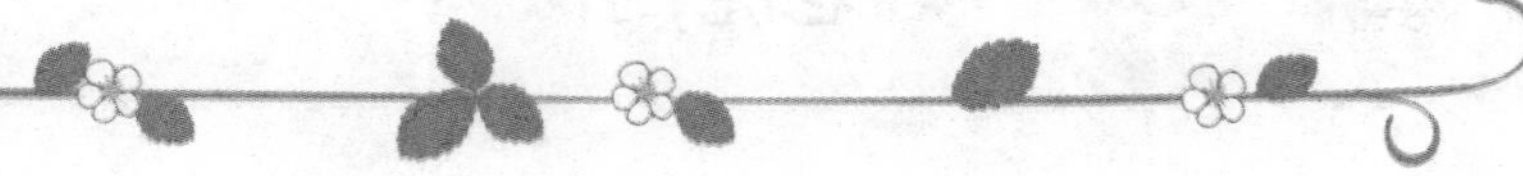

部、完达山东部和张广才岭南部3个孤立的分布区，完达山西部和张广才岭北部林区可能没有虎的分布，老爷岭北部有无虎的分布待查。在以上的3个孤立分布区的林业区内发现活动在老爷岭南部的2只个体可能为雄性，活动在完达山东部的虎至少有1只雌虎的1只亚成体虎，另两只不确定，可能为雌虎；活动在张广才岭南部1只不能确定性别。野生东北虎现存数量只有400多只，大部分分布在俄罗斯，在我国的数量不足20只，朝鲜半岛已经再没有东北虎的踪迹。

### ★ 濒危原因

东北虎的经济价值极高，肉和内脏可入药治疗多种慢性疾病，一只成年虎的价值相当于30多张黑貂皮。另外中医药对虎产品的需求，特别是对虎骨的需求，也导致许多地区盗猎东北虎现象严重。

虎的繁殖率较低，而人

※野猪

们对东北虎的捕杀率却大大超过它的繁殖率，这是导致东北虎濒临灭绝的直接原因。滥伐森林、乱捕乱杀野生动物，严重地破坏生态平衡，也是造成东北虎濒临灭绝的另一个重要的间接原因。森林是虎的生存环境，在这个环境中也包含着虎的猎食对象——野猪、鹿等。近年来出于市场消费的刺激，人们不加区分地下套猎杀东北虎的主要食物野猪、狍子等野生动物。由于偷猎者甚多，致使虎的捕食动物也大为减少，据考查，在一只东北虎的领地内，应当不少于150～160只野猪和180～190只鹿。偷猎者减少了猎物的数量，东北虎不得不扩大觅食范围并在居民

※鹿

点周围活动，增加了捕食家畜和人兽冲突的机会。因此，维持野猪、鹿等有蹄动物与虎之间的生态平衡是很重要的。

其实东北虎是现存虎亚种中最有希望被恢复的种群，因为中国东北地区仍然有茂密的森林和丰富的有蹄类动物。中国东北地区是东北虎保护的关键区域，近年来由于加强了保护，东北虎的活动越来越频繁，现在我国大多数动物园也都饲养了东北虎。这个虎亚种现在还有一线生机，如不趁现在少数的饲养虎还有繁殖能力的时候，设法及时从野外引进几只虎种，以更新现有的血缘来延续它，那么这个举世闻名的珍稀虎亚种就真的要彻底灭绝了，到时候我国东北将成为真正的无虎之地。

东北虎已被列入中国一级保护动物并被列入濒危野生动植物种，保护野生动物，保护东北虎已是我们义不容辞的责任和义务。保护东北虎有以下三方面意义：

首先，东北虎具有自己独特生态价值。在一个生态系统中，生物多样性越高，物种越

丰富，这个系统越稳定；反之，系统就变得越脆弱，越容易发生灾难性的变化。因此，不只是东北虎，处于这个生态系统中的任何物种都具有各自调控、调节生态平衡和物种平衡的作用。

其次，很多动物身上都具有某方面非常优秀的基因，如果这个物种消失了，它具有的优秀基因也就消失了，这对人类来讲是一个很大的损失。

第三，东北虎具有独特的美学价值。在中国，文学、绘画等方面的艺术作品中有很多关于虎的描写。如果这种动物灭绝了，对中国文化的继承和发展来讲是一个缺损。另外东北虎是现存虎类中个体最大、体色最美的一种，具有很高观赏价值。

## ★ 保护措施

目前对东北虎的保护分为两种方式，一种为栖息地的保护，一种为异地保护。我国政府分别在20世纪70年代和80年代，为保护东北虎建立了长白山自然综合保护区和黑龙江省七星砬子东北虎保护区，进行栖息地的保护。进行异地保护的，主要是各动物园。世界自然野生动物基金会已将东北

虎列为全球十大濒危动物之首了，应该加强保护。

为了使野生东北虎有一个良好的生存环境，1958年，我国就在东北虎之乡的黑龙江省建立了全国第一个丰林红松原始自然保护区。1962年，国务院将东北虎列入野生动物保护名录，并建立了自然保护区。1977年，我国相关部门将东北虎列为重点保护珍稀濒危物种。2005年8月9日，吉林珲春东北虎生活区经国务院批准列为国家级自然保护区。

东北虎人工饲养繁育基地在1986年建立后，一直致力于研究东北虎的饲养繁育技术。最近10年又引进了具有国际谱系的东北虎种源，基地内的东北虎数量已由最初的8只，发展到今天的620余

只。

当前政府需要做的是：一方面教育当地居民调整行为，从而保护自己和家畜，避免人与野生动物之间的冲突带来的危险。另一方面对所有公众进行老虎重要性教育，即老虎对地方文化的重要性以及老虎作为整体环境健康性指标的重要性。吉林省政府制定了《吉林省重点保护陆生野生动物造成人身财产损害补偿办法》，进一步为东北虎保护提供了切实有力的支持。

为了进一步提高公众保护东北虎的意识，让更多人从文

化层面以及人与自然和谐发展的角度来对野生东北虎进行保护，为东北虎这种代表中国人勇敢和力量的物种而骄傲，国际野生生物保护学会（WCS）、国际爱护动物基金会（IFAW）、中华环境保护基金会、吉林省野生动植物保护协会、黑龙江省森林工业总局、珲春国家级东北虎保护区、吉林大学阳光青年志愿者联合会决定共同主办第一届东北虎文化节，地点定在东北虎的故乡长春，并提议在每年9月举办东北虎文化节，让这个日子成为东北地区的盛会，让更多人能了解、关注、欣赏进而参与保护这种象征中国人力量与精神的美丽动物。

# 华南虎

★ 形态习性

华南虎又称厦门虎、南中国虎、中国虎。华南虎是中国特有的虎种，这个亚种分布较广包括华南、华东、华中、东南、西南，但野外华南虎很稀少。

头圆，耳短，四肢粗大有力，尾较长，胸腹部杂有较多的乳白色，全身橙黄色并布

※ 华南虎

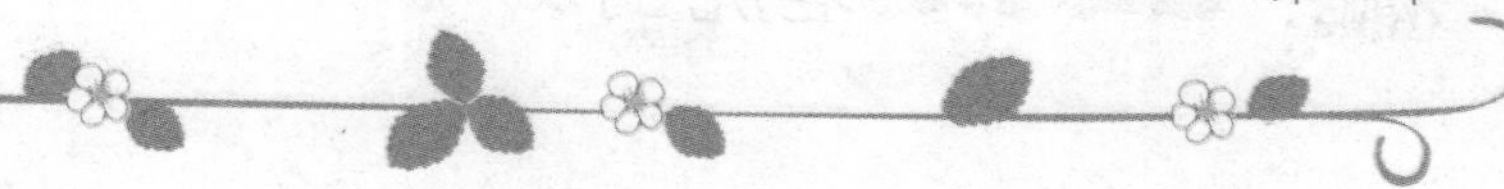

满黑色横纹。华南虎是亚种老虎中体型最小的，雄虎身长约2.5米（加头），重约150公斤；雌虎身长约2.3米，体重约110公斤。尾长80~100厘米。毛较短；花纹密而颜色较深且短窄，条纹的间距大于孟加拉虎、西伯利亚虎，体侧还常出现菱形纹。尾部黑斑最多。

在野外生活于山林及灌木丛、野草稠密的地方。生活习性和东北虎相似。在野外主要捕食野猪、黄猄、小鹿等。多单独生活，不成群，多在夜间活动，嗅觉发达，行动敏捷，善于游泳，但不能爬树。以草食性动物野猪、鹿、狍子等为食。一般来说，一只老虎的生存至少需要70平方公里的森林，还必须生存有200只梅花鹿、300只羚羊和150只野猪。

※ 华南虎

没有固定的繁殖季节，孕期100～106天，每胎2～4仔，3～4岁性成熟，寿命20年。

### ★ 分布情况

该亚种曾广泛分布于华东、华中、华南、新南的广阔地区，以及陕西、陇东、豫西

和晋南的个别地区。在20世纪中期，南岭地区是华南虎的分布中心，邻省的浙江、湖北、四川分布则不太均匀。

20世纪50至60年代：据我国皮毛市场每年虎皮收购量的不完全统计，1956年全国收购虎皮1750张。20世纪50年代，江西省有20多个县发现有虎，该省1955-1956年捕虎171只。20世纪50至60年代，在川东的万县，以及陕、川、鄂交界的大巴山经发现不到虎的踪迹。湖南省1952-1953年共捕虎170只。1964年，寿振黄先生根据各地虎骨和虎皮收购数量估计当时华南虎每年约被猎

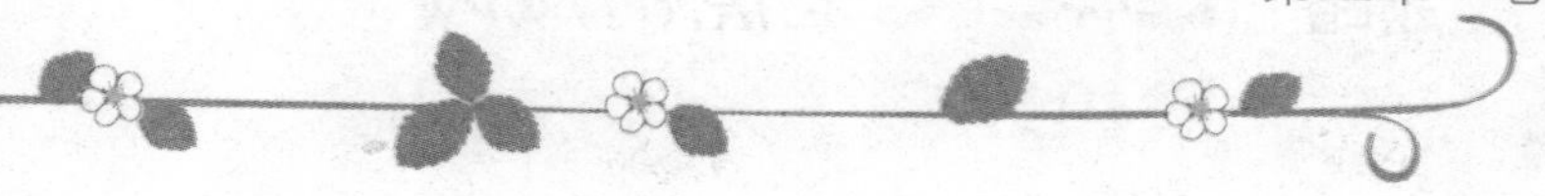

捕800只，显然有“放卫星”的嫌疑。1966年在安徽捕到过虎。20世纪50年代初广东省猎虎50多只，60年代约为20只。1958年在贵州中部的清镇，1959年在贵州西部的威甯都曾捕到过虎。秦岭地区的虎灭绝于20世纪60年代。1960-1963年河南省至少捕杀虎60多只。1964年陕西佛坪山一山民猎杀过一只野生华南虎，迄今就再也没有人看见过成年华南虎的身影。

20世纪70至90年代：到1970年后，江西的华南虎年捕猎量少于10只，1975年后再没捕过虎。河南省在20世纪70年代初期每年捕虎7只，浙江省在20世纪70年代初期每年捕虎3只。70年代广东省猎虎猎捕不足10只。湖南最后捕到野生虎是在1976年。20世纪70年代末估计全国野生华南虎的数量为40~80只。山西省最后捕获的虎

在1974年1月，在原平县收到一副虎骨后再未发现过虎。1979年我国全年只收到一张

虎皮。20世纪80年代后野生华南虎数量已极少，有人估计我国野生华南虎的总数为30~80只。1990-1992年，原林业部与世界野生生物基金会息地调查估计当时我国广东、湖南、江西、福建交界处华南虎有20~30只。

21世纪初：2000-2001年的华南虎及其栖息地调查搜索过程中没有看见一只野生虎的身影，国外一些学者认为野生华南虎已经灭绝。

华南虎属我国一级保护动物，也是世界上虎所有种类中最为濒临灭绝的一种。1996年被国际自然保护联盟列为十大极度濒危的物种之一。于1981年被列入CITES公约附录Ⅰ保护名单。中国是唯一有华南虎栖息的国家，这是因为残存下来的老虎中的四种都生活在中国边境：东北虎在俄罗斯的东北边境和朝鲜北部；华南虎（被认为是所有老虎的祖先）在中国的中部；印支虎和孟加拉虎在越南的南部边境和阿萨姆（印度）。

我国华南虎的圈养始于1955年。当年从四川野外捕捉了1只雌性华南虎，呼名“猛子”

(MENG ZI)，谱系号为"1"。先运到河北，暂养一段时间后，转运到上海圈养了15年，1970年又运到合肥逍遥津动物园，当年死去。1955-2001年间的46年来国内先后有40家大、中城市的动物园或公园饲养过307只(谱系登录的个体数）华南虎。其中雄体158 只，雌体117只，另有32只幼仔因刚一出生即死亡，未记录其性别。在国外仅有苏丹和北朝鲜等国的4家动物园饲养展出过6只华南虎。到目前为止，中国存活的圈养华南虎仅为70余只，还有正在南非野化的雌虎"国泰"，雄虎"虎伍兹"和雌虎"麦当娜"，以及后从苏州来的雄虎"327"，还有"国泰"的3只小幼崽，"麦当娜"的1只幼崽。国内动物园圈养的华南虎只有60多只，散布在全国19家城市动物园中。此外，在南非野化的雄虎"希望"不幸病死，"麦当娜"的另一只幼崽未成活。

野生华南虎被认为已经“灭绝”。近30年后，重庆首度发现其踪迹，在前一段时间刚刚结束“重庆市陆生野生动物普查”的动物学家宣称：他们在城口县大巴山原始森林腹地考察时，首次发现了野生华南虎的踪迹。

发现华南虎出没的地方位于重庆最北部的城口县大巴山原始森林，被誉为“重庆最后一片原始森林”，与陕西紫阳接界，参与普查的动物专家们在遮天蔽日的浓荫中走了整整一天也不见天日。当考察队员们行至原始森林腹地的高楠乡岭南村红星社时，从村民口中得到一个消息：前几天有只老

虎将信用社主任埋在地里的死狗刨出来吃了。此外，当地有居民还向调查组反映了这样一个情况，他们1998年春天也在森林中见到一只大老虎带着两只小老虎散步，见到人后，老虎迅速逃开。

据专家们分析，大巴山原始森林是华南虎传统分布区域，此次调查显示，该林中还有野生华南虎的残存个体。这也是继浙江、江西之后，全国第三个发现有华南虎踪迹的地方。

【中国华南虎的踪迹：近20年来，发现有野生华南虎活动踪迹的地点（6个省），估计数量为15只，也许实际数量更少。

一、江西（6处潜在分布区，数量不详）

1. 雩山山脉（宜黄、乐安、南丰、崇仁、南城、广昌、宁都7个县）

2. 罗霄山脉（上栗、莲花、铜鼓、宁岗、井冈山、永新6个县）

3. 武夷山脉（铅山、贵溪、资溪、瑞金、石城5个县）

4. 怀五山山脉（德兴等2个县）

5. 幕山脉（修水、武宁、靖安、永修4个县）

二、广东（3处潜在分布区，5~6只）

1. 大东山－八宝山片（连州、阳山、乳源、乐昌部分地区）

2. 车八岭－黄牛石片（始兴、翁源、连平等县的部分地区）

3. 万石山－观音山东片（仁化、南雄、乐昌等）

三、湖南（2处潜在分布区，最近统计为还有3只）

1. 壶瓶山自然保护区

2. 邙山自然保护区

四、福建（2处潜在分布区，数量不详）

1. 梅花山自然保护区

2. 福建三明地区

五、浙江（1处潜在分布区，估计有3只）

庆元百山祖国家级自然保护区

六、贵州（3处潜在分布区，数量不详）

1. 以梵净山为核心的武陵山区

2. 以赤水、习水与四川、重庆交界地区

3. 金沙县的冷水河至青池与四川交界地带】

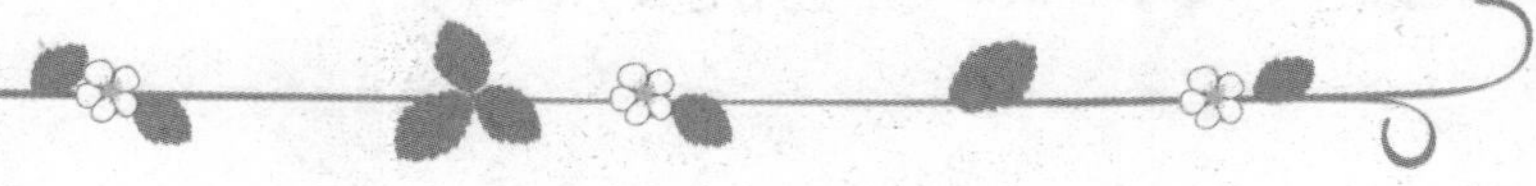

★ 濒危原因

华南虎的濒临灭绝，是一个历史大悲剧。20世纪50年代和60年代持续进行的大规模捕杀，使华南虎种群遭受重创，一蹶不振。当时，政府宣布华南虎为“四害”之一，除虎如同剿匪，大打人民战争，还组织专门的打虎队，由解放军和民兵赶尽杀绝。例如，1956年冬，福建的部队和民兵捕杀了530只虎、豹。在这场运动中，江西的南昌、九江、吉安以及抚州捕杀了150多只老虎。1959年冬，贵州有30多头虎、豹遭猎捕。1963年广东北部共捕杀了17只老虎，雷州半岛也有17只被捕杀。1953年至1963年，有一个专业打虎队在粤东、闽西、赣南共捕杀了130多只虎、豹。在围歼华南虎的战役中，涌现出许多打虎英雄。

1959年2月，林业部颁发的批示里，把华南虎划归到与熊、豹、狼同一类有害动物，号召猎人"全力以赴地捕杀"；而东北虎被列入与大熊猫、金丝猴、长臂猿同一类的保护动物，可以活捕，不能杀死。

1962年9月，国务院颁布指示保护和合理利用野生动植物资源，列出19种动物为严禁捕猎动物，并在一些地区受到保护。华南虎再度被排斥在外。

还在中国政府号召大规模猎杀华南虎时，国际社会就着急了。1966年，国际自然与自然资源保护联盟在《哺乳动物红皮书》中就将华南虎列为E级，也就是濒危级。

1973年5月，国务院在《野生动物资源保护条例》（草案）中，把华南虎列为三级保护动物。也是在1973年5

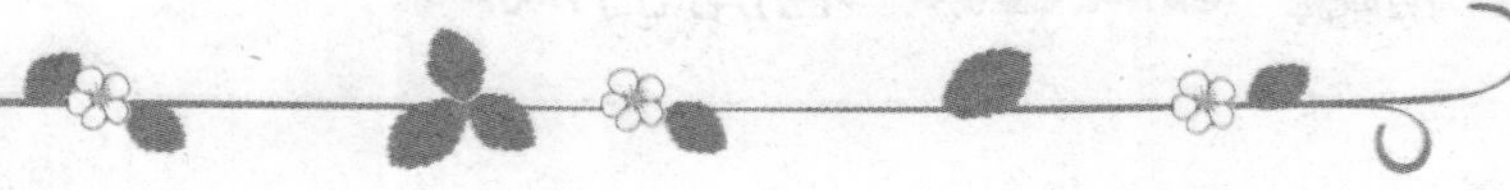

月，农业部禁止猎捕东北虎和孟加拉虎，却仍然允许每年控制限额捕猎华南虎。每年控制的数量以当地农业部门按“有计划地保证数量持续增长”为原则。

1977年农业部修改了规定，终于将华南虎从黑名单转移到红名单。东北虎仍然是保护种类的首位，华南虎和孟加拉虎属于禁捕的第二类。1979年，农业部将华南虎列为一级保护动物。不过，这些措施似乎颁布的已经晚了。据估计，1981年，野生华南虎大约只

剩下150只到200只。

最担心华南虎灭绝的，似乎还是外国人。1986年4月，在美国举行的“世界老虎保护战略学术会议”，急急忙忙把中国特产华南虎列为“最优先需要国际保护的濒危动物”。也许是多余的关怀。因为从此之后，野生华南虎从我们的世界完全消失。许多人声称发现了它们的踪影，无非是只闻其声，不见其迹，都是证明力较弱的间接证据。

1996年，联合国国际自然与自然资源保护联盟发布的《濒危野生动植物国际公约》将华南虎列为第一号濒危物种，列为世界十大濒危物种之首，最需要优先保护的极度濒危物种。

到了1989年，我国颁发的《中华人民共和国野生动物保护法》终于将华南虎列入国家一级保护动物名单。对于这一濒临灭绝的物种，合法生存权姗姗来迟，仿佛是临终关怀。

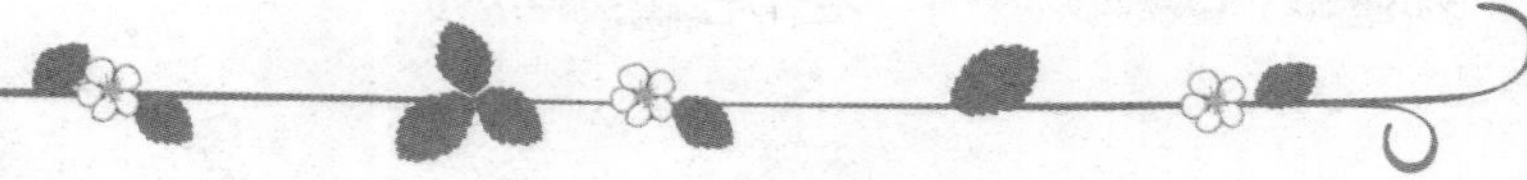

华南虎，这一悲剧性的物种，终于成了举世瞩目的明星。只是聚光灯下空空落落，主角缺席。我们不知野生华南虎身在何处，甚至，不知道它们是否永远告别了这个世界。

## ★ 保护措施

一百年前，地球上还有8个老虎亚种（还有一种神秘的虎种，即只产于我国却没有确切证据的黑蓝虎），而今巴厘虎，爪哇虎,里海虎（即西亚虎，新疆虎是其的一个分支，也已灭绝）已经消失了。剩余的5个亚种是：西伯利亚虎(东北虎)、孟加拉虎、苏门答腊虎、印支虎（东南亚虎）和 华南虎（中国虎），但这几个虎种目前都处在极其濒危的境地。中国虎是剩下的这5个亚种中最濒危的，而它又是所有虎亚种的祖先。早在上个世纪50年代，中国有约4000只中国虎。但由于人类的捕猎和栖息地的破坏，如今地球上只剩下不到100只了!1998年9月25日，苏州东园管理处动物园的3只华南虎被空运到厦门，而后一路风尘被运往闽西国家A级自然保护区——梅花山，由此揭开了中国拯救这一濒临灭绝虎种的序幕。

（1）拯救中国虎国际基金会华南虎拯救工程

"拯救中国虎国际基金会"是生长于北京的全莉女士从2000年起相继在英国、美国和香港创立的慈善基金会，旨在拯救中国虎。这是中国境外，在世界范围内唯一的一个以拯救濒危的中国虎为宗旨的慈善机构。

2000年10月，经过数月的筹划，拯救中国虎国际基金会在伦敦成立了。中国国家林业局的代表和野生动物保护界知名人士参加了成立大会。鉴于全莉的文化和经济管理背景（她曾在时装界顶级品牌工作过，并成为Gucci国际全球品牌管理经理），由她担任基金会的领导人可以起到搭建中西方桥梁的作用。

基金会的目的是引起对中国虎现状的广泛关注，通过公

众教育，把先进的保护模式介绍到中国并加以实践，筹集资金来支持这些行动，为拯救和保护中国虎而努力，也要成为中西方以及所有致力于保护中国的野生动物和栖息地的组织的纽带。

拯救中国虎国际基金会目前正在很多不同的项目上筹集资金以支持正在进行的中国虎和栖息地的项目。拯救中国虎的顾问包括：华盛顿州政府野生动物生物学家科勒（Gary Koehler)博士、中国《人与自然》电视节目主持人赵忠祥。形象大使是国际巨星成龙。代言人有中国著名导演陈凯歌、姜文，国际影星杨紫琼，Duran Duran流行乐队的罗丝（Nick Rhodes)，美国中国会的老板、上海滩时装创始人邓永锵、钢琴家朗朗、电视人蒋怡、指挥家艾什巴赫， 以及来思特虎橄榄球队的穆迪(Lewis Moody)。

为了改变华南虎即将灭绝的命运，拯救中国虎基金会采取了以前所没有的拯救措施：

2002年11月，常设于英美的野保组织“拯救中国虎国际基金会”与中国国家林业局下属的野生动物研究中心和拯救中国虎国际联合会南非项目中心在北京签署了合作协议，旨在中国将华南虎放出牢笼，进行有效的繁育，野化濒临灭绝的华南虎种群以恢复其野性，最后重新引进中国的野外，在中国本土面积较大而又安全的栖息地上逐渐增加种群数量。

为了实现这个目标，基金会在引入项目中设了两个主要分项目：第一是中国虎野化工程，第二是在中国的中国虎试点保留地项目。

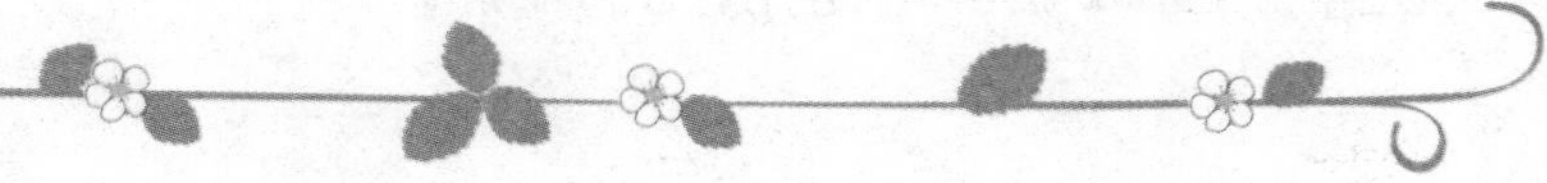

虎的繁育、野化和重引入中国野生栖息地。

中国政府第一次签署类似的合作协议，目的是借鉴学习南非野保科学家们带来的技术和经验。南非野保界成功使南非几个濒临灭绝边缘的物种种群扩大到可以繁衍下去的数量并放归到其原来的领地，实现了生物群系的完整性。南非科学界也对这个合作感到振奋，因为这进一步加强了中国与南非的合作关系。

全莉在2007年11月25日宣布，1只雄性华南虎幼崽于2007年11月23日23:30在南非自由省老虎谷顺利降生。这是具有一个历史性意义的时刻，因为这是第一次华南虎在中国以外的地方出生。这只华南虎幼崽十分健壮，出生时体重1.2公斤，比一般的老虎要大，虽然还闭着双眼，却能发出响亮的叫声，特别是在喂食

的时候。这是由在南非老虎谷进行野化训练的雌虎"国泰"和雄虎"虎伍兹"交配后繁育的第一只华南虎幼崽。

从2007年8月7日至11日，两只老虎在4公顷营地连续交配，1个小时最多达9次，最后雌虎终于有喜，整个怀孕过程长达103天，生产过程历时12小时。4岁半的"国泰"对幼崽表现出了她的母爱，清洁并舔舐自己的幼仔，但不寻常的寒流使老虎谷员工不得不将幼崽取出，防止其冻死。

在国泰生产以后，老虎谷员工对国泰进行了24小时监测，然后将其放回了较大的老虎营地。国泰没有对员工取走幼崽表现出负面反应。幼崽由来自另一个野生动物中心的专家进行人工喂养，合适的时候再将幼崽引回母虎身边，接受

和其他从小来到南非的老虎一样的野化训练。

华南虎幼崽的诞生标志着中国虎南非野化训练取得了显著成效，在那里中国虎不仅学会了捕猎野生动物，还可自然繁育小虎，为拯救中国虎南非野化繁育项目注入了新鲜血液。

拯救中国虎国际基金会作为中国虎南非野化项目的发起者，致力于对中国动物园的笼养老虎进行野化训练，以重获捕猎能力，并繁育后代回归中国野外。

2003年，已经有两批共4头老虎被送到距南非最大城市约翰内斯堡600多公里的老虎谷保护区进行野化训练，在南非的土地上它们学会了躲避风雨和炙热阳光的生存技巧，从抓家养的小鸡，

到抓野生的珍珠鸡，再到捕猎在大自然中生长的野生白面羚羊，还学会了迂回包抄、以逸待劳的捕食技巧。

南非老虎谷方圆330平方公里，横跨自由、北方两省，里面有可供老虎狩猎用的10多种本地猎物，如南非白面大羚羊、跳羚、大角斑羚、黑角马、斑马、鸵鸟、剑羚、还有黑背胡狼、狞猫等小型食肉类动物。

在南非老虎谷接受野化训练的母虎“国泰”继2007年11月首次产仔之后，2008年3月30日，又一次成功地生下两只小虎。4月12日，另一只母虎“麦当娜”在自然条件下生下两只幼仔，一只成活。2008年8月30日据当地媒体报道，华南虎麦当娜在南非又成功产下一雌一雄两只虎崽。

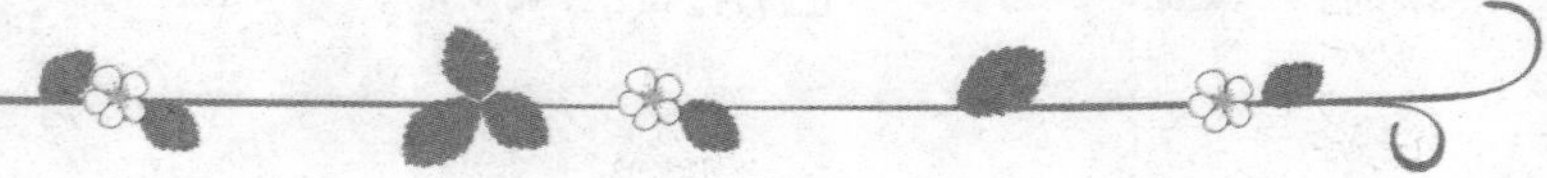

（2）国内保护华南虎措施

粤北华南虎保护：粤北华南虎自然保护区邀请了中南林学院动、植物和生态学专家、教授到该保护区进行实地考察，编制保护华南虎的总体规划。专家们根据野外调查分析论证和用科学方法计算，认为野外华南虎现存的数量大约为20余只左右，分散在我国江西、湖南、广东三省交界处的罗霄山脉和雷公山脉和南岭山脉的局部地区。另外，在闽西梅花山的武夷山自然保护区境内，近年也多次发现有华南虎活动。广东现存的华南虎则分三片：阳山、乳源、连山为一

片，数量有3到5只；车八岭天平架片有1只；仁化、南雄、乐昌片有1只。粤北华南虎自然保护区方面介绍，总体规划将华南虎活动频繁、自然环境保护良好的车八岭、杨东山、罗坑的三个核心地带，划为三个核心区进行重点保护，区间建立绿色通道，并在核心区建立华南虎的观察点，科学管理。

江西省宜黄县华南虎保护。结合国家退耕还林工程的全面展开，为有效保护好世界濒危野兽华南虎，被列为华南虎省级自然保护区的江西省宜黄县，开始了大规模的人退林进、造林种草、保护老虎的活动。目前，全县华南虎保护区内已有56个重点地段的村小组，5732户农户申请迁出保护区内，完成退耕还林还草整地面积4085亩，占全县退耕还林面积的近十分之一。宜黄县是个丘陵山区县，常有华南虎出没，且经常出现华南虎伤人的事件，国家和江西省有关部门多次组织专家进行考察，获取了不少华南虎生存的资料。为了让华南虎

有一个良好生存环境，该县把华南虎经常出没的地方划为核心保护区，并制订了相应的保护措施。国家退耕还林工程的实施，为该县的华南虎保护工作带来了极好地机遇。全县把退耕还林工程作为改善生态环境、发展地方经济、实现农民增收的一项社会系统工程来抓。

他们按照“全面规划、分步实施、突出重点”的原则，坚持退耕还林与“生态立县”、调整产业结构、建设华南虎保护区工程、加强生态保护和旅游开发五个结合，制订六个先退政策。即：坡度在25度以上水土流失严重的耕地先退；华南虎保护区核心区范围内耕地先退；划为国家公益林区域内的坡耕地先退；已搬迁的村小组耕地先退；已撂荒的坡耕地先退，连村集中分布在一个地势

的坡耕地先退，科学规划，合理布局。将华南虎自然保护区核心区内的1194亩农田以及全县5个旅游风景区周围的坡耕地全部退耕还林还草。实行“退一还一”的激励机制，灵活运用补助政策，允许农户跨组、跨村、跨乡异地承包和租赁荒山，实行谁退耕、谁造林、谁经营、谁受益的原则，鼓励有实力、有能力的企业和个人承包退耕还林地，激发了群众的造林热情。

虽然华南虎保护问题已经得到了足够的重视，但由于近亲繁殖，其种群质量正在不断降低。如何让这个种群延续下去，已经成了亟待解决的问题。专家提出三个解决方法：从野外寻找虎，但目前几乎不可能；利用克隆技术，但目前不成熟不可靠；实在没有办法，只能引进同类虎的亚种种源，通过杂交以保存部分基因。

# 孟加拉虎

※ 孟加拉虎

孟加拉虎，又名印度虎，是目前数量最多，分布最广的虎的亚种。在1758年被瑞典自然学家卡尔·林奈定为虎的模式种。

孟加拉虎体色呈黄或土黄色，身上有一系列狭窄的黑色条纹，腹部呈白色，头部条纹则较密，耳背为黑色，有白斑。雄性孟加拉虎从头至尾平均身长2.9米大约220公斤；雌性略小，测得大约2.5米长体重接近140公斤。成年孟加拉虎的皮毛以棕黄及白色为底，加上黑色的条纹。另外也有少量因基因变异变成孟加拉白虎。

孟加拉虎主要生活在印度和孟加拉，也是这两个国家的代表动物。在尼泊尔、不丹和中国也有少量的孟加拉虎。它

的栖息地较广，包括很高、很冷的喜马拉雅山针叶林、沼泽芦苇丛、印度半岛的枯山上、印度北部苍翠繁茂的雨林和干燥的树林。主要活动于印度孙德尔本斯三角洲的红树林，不过在其他地区的雨林和草原里也有它们的踪迹。它们的领土范围估计是雌性10~39平方公里，雄性30~105平方公里。

孟加拉虎的猎物主要是野鹿和野牛，野生的孟加拉虎主食为白斑鹿、印度黑羚和印度野牛，有时也能爬树捕食灵长目的猎物。其他的捕食者，如豹、狼和鬣狗也可能成为孟加拉虎的猎物。在比较罕见的情况下，孟加拉虎也攻击小象和犀牛。孟加拉虎喜欢在夜间捕食，捕食时它先瞄准猎物的咽喉，用它强大的咬劲直接咬断

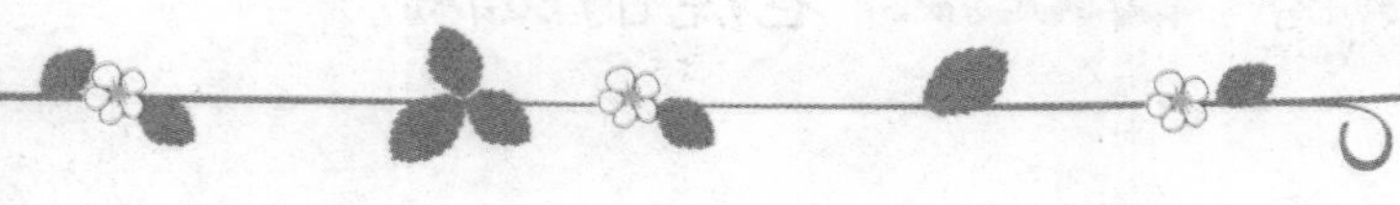

较小猎物的颈椎或让大型猎物窒息。它可在一餐内吃掉近30千克的肉，并在接下来几天内不进食。

根据2005年的数据，野生的孟加拉虎总数大约为4580只。其中3500~3750只在印度，300~440只在孟加拉，150~220只在尼泊尔，50~140只在不丹，而只有30~35只在中国。全球人工饲养的孟加拉虎总数超过300只，其中大部分在印度。通过野生的孟加拉虎的数量也可以看出与其他亚洲国家比起来，印度给了老虎更多的保护。

孟加拉虎目前被世界保护联盟定为保护现状极危的动物。被列为华盛顿公约附录一之一级保育类动物，中国国家一级重点保护野生动物。捕杀及贩卖孟加拉虎在任何国家都是违法的，但还是有许多人为了营利铤而走险。

## 东南亚虎

东南亚虎又称印支虎、西双版纳虎、云南虎，学名印支亚种豹，属虎种，是以英国自然学家吉姆•科比特（Jim Corbett）命名的。

东南亚虎的形态与孟加拉虎非常相似，比起孟加拉虎来更小而且毛色更暗一些，条纹既短又狭窄。印支虎的体形比孟加拉虎更小，毛色更深，条纹更狭窄，密集而细长。成年的雄虎平均体长2.2~2.46米，重150~195公斤。雌虎平均体长2~2.2米，重101~130公斤。这种老虎的地盘大小并不是太清楚，不过在理想的栖息地中一般是每100平方公里可有4到5只成虎。

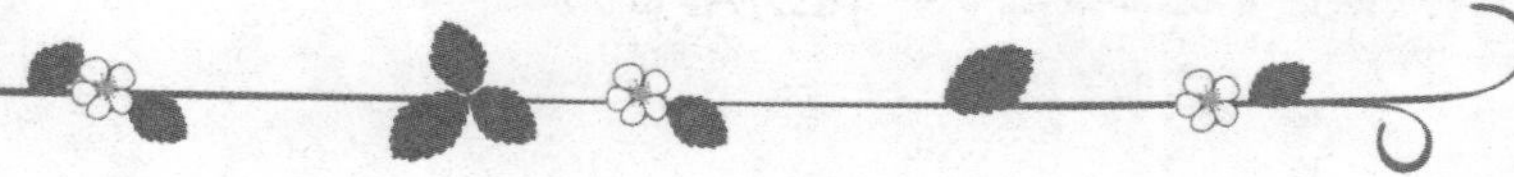

东南亚虎常年生活在亚洲东南部的热带雨林和亚热带常绿阔叶林中，主要以野猪，水鹿，野牛等动物为食。印支虎常年交配，最为常见是在每年的11月底到第二年4月。雌虎在怀孕103日之后生下幼崽，幼崽在大约18个月后离开母亲独立生活。印支虎的寿命从15~26年不等。

东南亚虎分布主要以泰国为中心，在中国南部、柬埔寨、老挝、越南和马来西亚半岛也一样能发现印支虎。在这一区域内，印支虎生活在偏远的山地和山区的森林中，其中大部分处于边境地带。通常这些地区都属于禁区，只有生物学家才被允许进入考察。因此，对于野生印支虎的分布状况知之甚少。1994年IUCN猫科专家小组估计

野生印支虎数量在1050~1750只之间，而目前全世界动物园至少有60只印支虎被饲养（根据1995年7月泰国动物园协会公布的数字）。

1995年7月，由泰国动物园组织（ZPO）召开了一个动物园印支虎圈养繁殖管理项目大会，目的是在泰国的各个动物园对印支虎进行人工圈养。与会者包括来自马来西亚，越南，老挝，柬埔寨，缅甸和新加坡的动物园及野生动物管理机构，大会探讨了泰国老虎圈养繁殖中心在这方面的作用，以及亚洲其他动物园在野生老虎的圈养繁殖的支持。

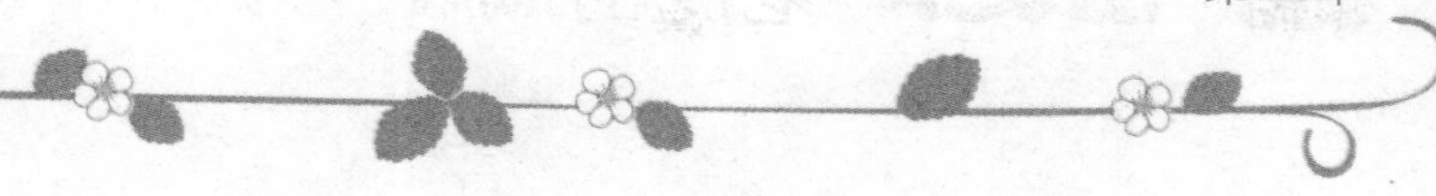

1998年，据致力于野生虎保护的环保专家彼得•杰克逊的计算，现在约有736~1225头野生印支虎分布在马来西亚（约630只）、泰国（约420只）、越南（约250只）、柬埔寨及缅甸、老挝（约150只）、中国滇南（少于30只），野生数量约1470~1490只，人工饲养约20只。1968年兽类专家V.Mazak博士根据一具产自越南广治的头骨，把印支虎分化出来作为新的亚种。东南亚虎的虎密度极低，并且它们在各地都遭到了野蛮的偷猎，其中柬埔寨和泰国的印支虎仅在10年间就绝迹了。而据专家说，现在的数量和1998年相比没有什么大的变化。

2004年，美国学者在比较老虎谱系的遗传基因时发现，泰国、缅甸等一带产的虎和马来群岛产的虎有一定的遗传差异。有专家认为印支虎应该分

成印支虎（中南半岛一带）和马来虎，而且对这两个亚种应当采用类似的模式进行人工圈养。

2007年，保护国际中国项目宣布在西双版纳国家级自然保护区内的红外监测相机拍下了野生印支虎的清晰图像，这表明印支虎目前还生活在中国云南南部自然环境中。

# 苏门答腊虎

## ★ 形态习性

苏门答腊虎是现生虎亚种中体形最小的，雄虎平均体长2.4米，重120公斤；雌虎体长2.2米，重约90公斤。它们小巧的体形使它们能迅速穿过密林。身上有深橘色的皮毛与密集的条纹，具备了热带岛屿虎类的典型特征。主要生活在苏门答腊群岛范围内的热带雨林。主要食物是水鹿、野猪、豪猪、鳄鱼、蟒、幼犀和幼象等。

※ 苏门答腊虎

雌虎怀孕期约103天，每胎生2~4只幼崽。刚出生

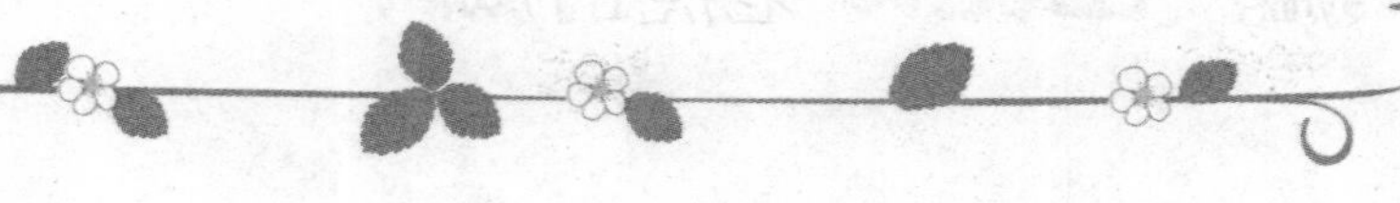

时，虎崽约重2.2~3磅。这时的幼崽还未睁开眼睛，体

质也极其脆弱，雌虎需时刻保护幼崽，使其免受雄虎或其他动物的伤害。十天后，幼崽眼睛睁开，从第1到第8个星期之间完全依赖母乳为生。大约在6个月后，雌虎开始教它们捕食技巧。野生的苏门答腊虎最长寿命为15年，人工圈养的苏门答腊虎最长寿命为20年。

## ★ 分布情况

苏门答腊虎祖先源自更新世早中期的大陆虎类，12000年前海平面上升，使得苏门答腊地区与亚洲大陆隔绝，数以万计的野生虎被分离形成差异显著的新亚种——苏门答腊亚种。印尼群岛曾经拥有3个世上独一无二的虎亚种：巴厘虎、爪哇虎和苏门答腊虎。由于生态环境的迅速恶化和人类的疯狂捕杀，

巴厘虎和爪哇虎已在上个世纪相继灭绝。目前印尼唯一幸存的虎亚种——苏门答腊虎也处于濒临灭绝的困境。

由于人类入侵以及对自然资源的毁灭性开采，苏门答腊虎栖息地已不断减少，并被切割成碎快。如今苏门答腊虎已被列入IUCN濒危物种红皮书（2003）。1978年进行的勘测结果显示，野生苏门答腊虎的数量估计约为1000只。而1985年，印尼林业局的勘测人员估算有26个自然保护区有虎存在的迹象，数量为800只左右。而到了1992年，印尼林业部门和自然保护协会（PHPA）做出了统计，还有400只虎分布在苏门答腊5个国家公园里，它们包括：

（1）Gunung Leuser国家公园

1993年估计这里有110-180只成年虎活动。森林迅速减少和非法捕猎是虎面临的最主要威胁。在2003年，人们经

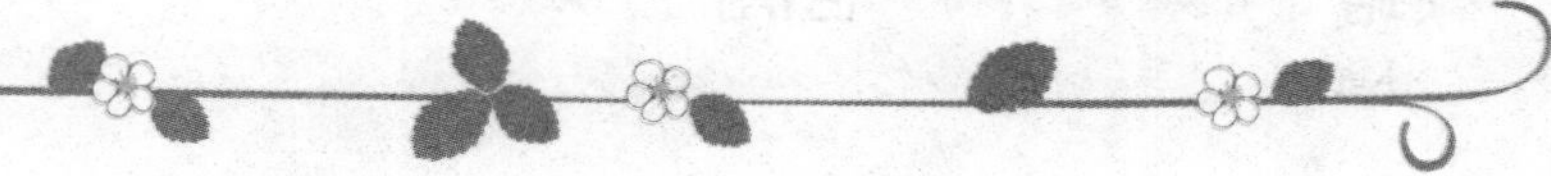

过卫星图像分析发现，公园已失去了662平方公里的森林，公园边缘10公里内的森林缓冲带也开始消失。如果按这样的速度，在2036年前后，这里的森林将不复存在。

（2）Kambas国家公园

该公园面积1300平方公里，位于苏门答腊东南沿海。这里在1937年被宣布为生态保留区域，而到1989年才升为印尼国家公园。近30年来，Kambas国家公园的森林被大量砍伐，虎的栖息地已被严重干扰。1996年，公园管理局组织了反偷猎队，共计24人。印尼

自然资源保护组织（PHKA）和加拿大老虎保护基金会自1985年以来就在这里对当地野生动物进行调查。在此次调查中，他们还发现了罕见的苏门答腊犀牛群。虎类学者富兰克林在1995-1997年间，根据红外照相机诱捕资料推测，这里约有36只成年虎活动，其中21只分布于公园的核心地带。

（3）Kerinci Seblat国家公园

该公园于1981年成立，面积为14846平方公里，是印尼第二大国家公园。1992年，人们估计这里约有76只野生虎活动。目前，橡胶种植园继续侵蚀着这里残余的森林。

（4）Bukit Tigapuluh国家公园

该公园毗邻Kerinci Seblat国家公园，于1995年被宣布为国家公园。公园总面积约1290平方公里，区内有一片面积300平方公里的原始热带雨

林。经GIS卫星图像辨认分析，Berbak国家公园和Bukit Tigapuluh国家公园之间存在着一条生态走廊，它为野生虎种群提供了基因交流的基础。

（5）Bukit Barisan Selatan国家公园

该公园于1982年建立，为印尼第三大国家公园。这里估计生活着40~43只成年虎。此地每年至少有340平方公里面积的森林被砍伐。

人工圈养的苏门答腊虎主要在印尼、北美、欧洲、澳洲和日本等地的动物园展出。根据印尼动物园协会（PKBSI）估计，全世界有超过230只苏门答腊虎被各地动物园饲养，其中印尼动物园有65只；欧洲动物园有100只；澳大利亚动物园有12只；北美动物园有55只；日本动物园有 2

只。另外还有32只雄虎和29只雌虎生活在位于爪哇岛的苏门答腊虎保育中心。

【更新世——亦称洪积世，由英国地质学家莱伊尔1839年创用，1846年福布斯又把更新世称为冰川世。更新世是冰川作用活跃的时期，开始于1806000年（±5000年）前，结束于11550年前，是构成地球历史的第四纪冰川的两个世中较长的第一个世。在此期间发生了一系列冰川期和间冰川期气候回旋。地层中所含生物化石，绝大部分属于现有种类。更新世中期是全球气候和环境变化的一个重要时期，当时气候周期转型，全球冰量增加，海平面下降，哺乳动物迁徙或灭绝。】

## ★ 濒危原因

（1）栖息地破坏

早在20多年前，APP（Asia Pulp & Paper，亚洲浆纸业总公司）就在印尼苏门答腊岛开

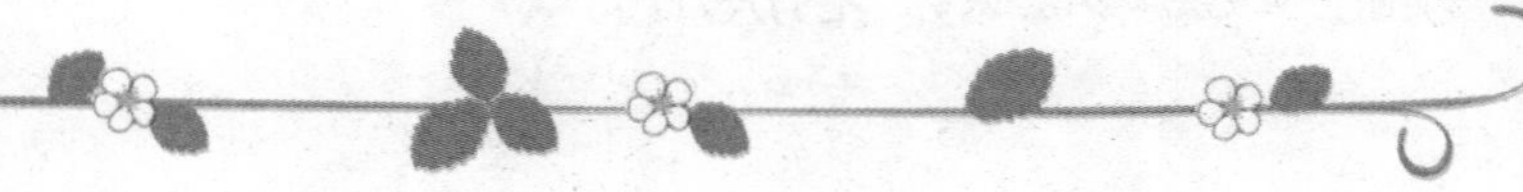

设了工厂。世界环保组织曾要求APP等造纸公司立刻停止对苏门答腊森林的破坏，因为对森林的破坏造成了苏门达腊虎栖息地的大量丧失，这已使它们处于濒临灭绝的境地。造纸业迅猛发展使森林覆盖率急速萎缩，“全球森林观察组织”在2001年估计，印尼的森林覆盖率已减少72％。世界银行的一份报告指出，印尼每年森林采伐量达3000万亩，相当于比利时全国面积的大小。“世界资源机构”统计，在前总统苏哈托统治的32年中，印尼已失去了6亿亩森林，等于德国与芬兰面积的总和。

（2）过度捕杀

在苏门答腊，猎虎行为一直很猖獗。在当地街头，随处可见虎骨、虎爪、虎皮等虎制品出售。20世纪30年代初期，

荷兰商人弗罗林每年都能收到150~350张苏门答腊虎皮。在当时，每张虎皮售价100美金，到70年代售价则上升到3000美金。韩国在1975年到1992年间进口了6128公斤虎骨，平均每年进口340公斤，其中有3720公斤虎骨来自印尼，这相当于猎杀333只苏门达腊虎（风干的虎骨平均重约12公斤）。1981年是印尼虎骨出口量最大的一年，当时共出口虎骨1060公斤；其次是在1975年，当时出口虎骨620公斤；1988年则出口虎骨560公斤。在1992年之后，印尼虎骨出口量大减，92年当年只出口虎骨55公斤，因为野外的虎真的不多了。尽管如此，1992年估计仍有42只虎被捕杀；1994年则约有51只虎被捕杀；1998年

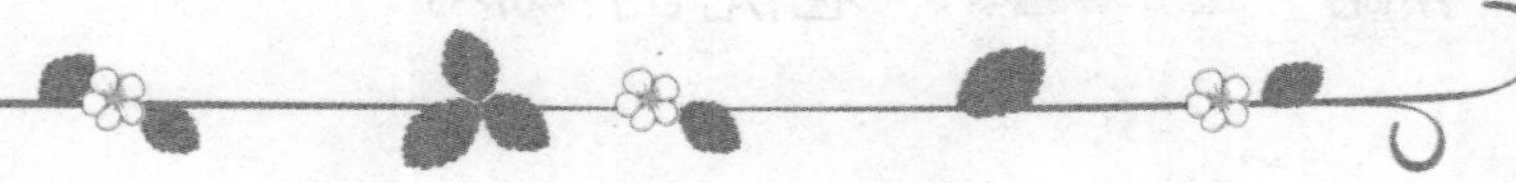

3月到2000年间有66只虎被捕杀；2001年一只活虎甚至被走私到马来西亚。2002年经有关保护组织调查，在苏门答腊八个省中，有24个城市中的484家商店公开销售虎制品，这些店家大部分是纪念品商店、药店和皮毛市场。近年来由于爪哇人口猛增，每年约有60万人从爪哇移居到苏门答腊，这样的移民潮给苏门答腊岛带来更为巨大的压力，也使得人虎冲突进一步增加。

## 西亚虎

西亚虎主要分布在里海的西部、高加索山脉和加斯比奥地区。中国新疆中部的新疆虎也属于西亚虎。西亚虎和其他虎一样终年生活在森林、灌木和野草丛生的地区。它们单独生活，也无固定巢穴。雌雄都有各自的领域，只有到发情期才凑到一起，交配后又分开，有时雄虎会多逗留些时候。西亚虎从不离开水源，有时会游过溪流湖泊去寻求新的猎场。遇到捕猎对象时，一般凭借草丛的掩护悄悄潜近猎物，然后发起突袭，捕食鹿、羚羊等任何所能捕杀的动物。

在人类眼中，虎的经济价值非常高，全身几乎都可利

用。如中国人把虎骨看作名贵的中药，认为泡制的"虎骨酒"能除风祛寒，对风湿症有疗效；人类还把虎皮制成褥子或地毯、挂毯；其他如虎肉、虎血、虎须，人类都将它们入药以滋养身体。

19世纪末，东欧一些国家的人来到了西亚虎的生存地，为了能获得全身是宝的西亚虎，他们开始了对西亚虎无情的大量猎杀。资料表明，在1890年到1900年，仅十年中西亚虎就被猎杀了3000多只。西亚虎所生存地区的一些王公贵族也以猎虎为乐趣。如沙俄时期的一个王宫大臣在1912年写给他的朋友的一封信中承认他曾射杀过1150只西亚虎。

这样，由于多年狂杀滥捕，到了20世纪40年代西亚虎只剩不足100只了。这时，西亚虎仍没有逃脱不法分子的猎枪。到了20世纪70年代，西亚虎仅剩下不

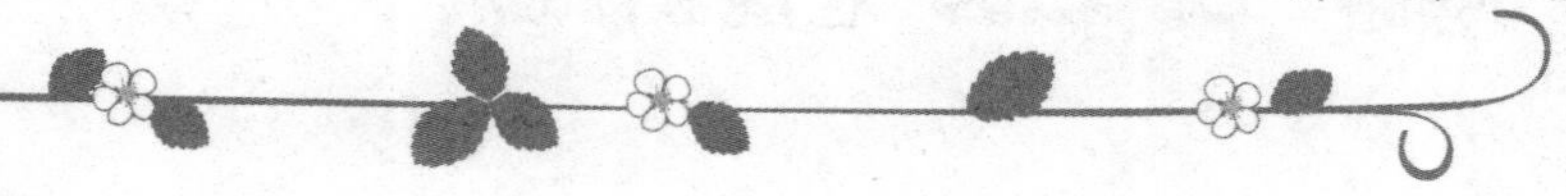

足10只了。1980年，最后一只西亚虎在加斯比奥的丛林中孤独地死去。据官方调查：最后10只西亚虎除2只是正常死亡外，其余8只全部是由贪婪的猎人所杀。从此西亚虎永远地从地球上消失了，人们再也看不到它们往日驰骋叱咤的王者风范了。

## 爪哇虎

一般认为这种老虎已经绝迹，目前只有如照片一样残存于动物园的个体而已。爪哇虎的体毛很短，纹路很细，经常两条纹路变成以束。

爪哇虎分布在爪哇岛的南部山地丛林中，其视觉、听觉和嗅觉都很棒，它们对气候条件不挑剔，只要有隐身处、水和猎物就可以了，并不像豹子那样过分依赖森林。爪哇虎除了在繁殖季节雌雄一起活动之外，其他时间全部独栖，并且每只需要100平方公里的活动

范围。

据报告，在1929年时，爪哇岛的保护区内还存活很多。1945印尼宣布独立，定都雅加达，爪哇岛上的人口猛增，使需要很大活动范围的爪哇虎无处生息，数量随之一天天地减少。其后，因在岛上各地遭到猎捕与袭击，保护区内的老虎也受到盗猎者的捕杀，所以甚至连保护区内也完全看不到这种虎的踪影。20世纪60年代后，爪哇岛上的爪哇虎已经所剩无几，而人工饲养下的爪哇虎这时还没有繁殖成功。1980年，最后一只爪哇虎在雅加达的动物园去世了，这是印尼继1937年巴厘虎灭绝之后又一个虎种的绝迹。爪哇虎是在已经得到初步保护下灭绝的。有专家称：20世纪虽是人类科技迅猛发展的新世纪，却是虎的灾难世纪，多种虎种在该世纪灭绝。

# 巴厘虎

巴厘虎主要分布在印尼巴厘岛北部的热带雨林。是现代虎中最小的一种，体型不到北方其他虎的1/3。它的体长约2.1米，重90公斤以下，生活在印尼巴厘岛北部的热带雨林里。这里水源，食物充足，成了巴厘虎的天然保护区。色彩斑斓的巴厘虎对印尼人来说是一种超自然的存在，甚至出现在传统的艺术假面具上。19世纪到20世纪初，虎在自己的生存地到处遭人袭击，而随着巴厘岛上人口的增加，人类侵犯了巴厘虎的生活空间，巴厘虎对人的威胁也进一步增加，许多人就成了巴厘虎的牺牲品。

欧洲殖民者入侵来到巴厘岛后毫不留情的猎杀巴厘虎，

他们的这一恶习也传给了当地的印尼人。因为虎皮能在市场上卖个好价钱，人们就肆无忌惮地猎杀巴厘虎。巴厘虎不仅皮毛吸引人，它的骨头也非常受喜爱，常常被用做酒和药材。在人们的欲望面前，所剩不多的巴厘虎当然不是对手。据记载，最后一只巴厘虎于1937年9月27日在巴厘岛西部的森林里被贪婪成性的猎人射杀而死。

## 美洲虎

美洲虎主要居住于南美洲的热带雨林和稀树草原。主要在巴西、阿根廷、哥斯达黎加、巴拉圭、巴拿马、萨尔瓦多、乌拉圭、危地马拉、秘鲁、哥伦比亚、玻利维亚、委内瑞拉、苏里南和法属圭亚那。美洲虎以前也分布于美国

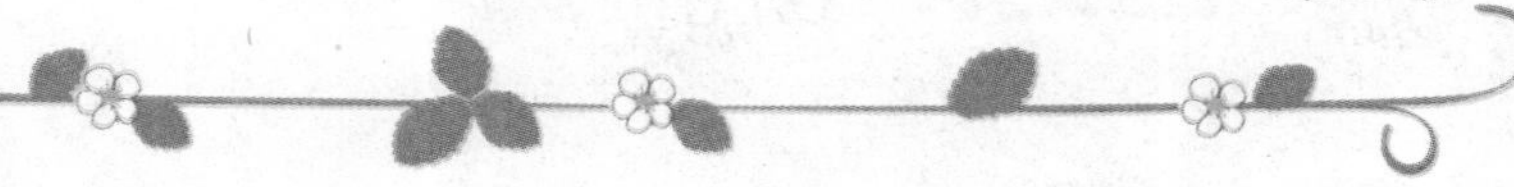

南部的德克萨斯、亚利桑那等地区，但现在已经退出那片干旱的领地，美洲狮已经在那里取代了美洲虎的地位。美洲虎更适应于炎热潮湿稠密的低地热带雨林。

美洲虎是新大陆最大的猫科动物，因此当地人也称其为“新大陆虎”。美洲虎在大型猫科（豹亚科）动物中体形次于虎、狮，排名第三，体长1.5~2.3米，尾长60~90厘米，肩高75~90厘米，体重39~160千克，大部分在45~114千克之间。雌性一般比雄性小20%。美洲虎比花豹更强壮，更大，身上的斑点也大。美洲虎和豹一样也有较多比例的黑色种，一般黑美洲虎都在森林深处才能发现。

美洲虎食性来源广泛，他们吃一切能捕到的动物，包括龟类、鱼、短吻鳄、灵长类、鹿类、西猯、貘、犰狳以及两栖动物等。自然界中的北部使动物减少时，它们也会袭击家畜。美洲虎咬力惊人，他们不同于大多数猫科动物善于咬断猎物的喉咙，他们能用强有力的下颚和牙齿直接咬破动物坚硬的头盖骨，甚至海龟坚硬的外壳。美洲虎也吃龟蛋、蛇蛋等，也有人看见美洲虎杀死并吞噬森蚺。美洲虎是游泳健将，他们甚至能潜水数分钟来追逐鱼类。

有的美洲虎也攻击人类，但是美洲虎不像狮虎豹有一种发展成吃人的习惯性趋势。

美洲虎和大多数猫科动物

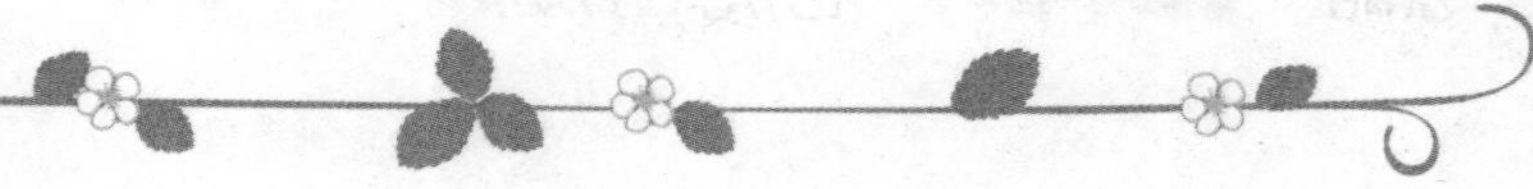

一样也是孤独的夜行者，不过在白天他们也非常活跃。他们的行动方式一般取决于被捕食动物。一天24小时内，有60%的时间他们都很活跃。公美洲虎领地一般28~76平方公里，雌性的领地是雄性的一半大小，并可能互相重叠。他们领地的大小主要取决于领地内食物的多寡。美洲虎每天大约旅行3公里的距离来寻找食物，不过在食物缺乏的旱季，可能会更加远。美洲虎可以在水里度过相当长的时间。在美洲虎分布较为集中的地区，美洲狮对其退避三舍。

美洲虎是独行动物，排斥同伴。雌性一般2岁性成熟，雄性3~4年。雌性发情期22~65天，一年四季均可繁殖，幼崽一般在雨季出生，因为会有更多的食物。母美洲虎会在树上，以及经过的地区用尿液留下标记来通知异性，公美洲虎一般不会跟随发情的异性太久。繁殖季节，雌雄双方都会和多只异性交配，这点和其他猫科动物不同，因此母美洲虎的同一窝幼崽可能有不同的父亲。美洲虎妊娠期约100天。

美洲虎的主要威胁来自于

森林砍伐和偷猎，没有树木遮盖的美洲虎如果被发现，会被立即击毙。农场主为了保护家畜也经常杀死美洲虎，当地人也经常和美洲虎争夺被捕获的猎物。从20世纪70年代起，猎取美洲虎皮毛的现象已经大大减少。

美洲虎的数量从20世纪初到现在已经下降了50%，在墨西哥或者更北的地区已经很难见到美洲虎了，巴西亚马逊热带雨林栖息着世界上数量最多的美洲虎，巴西的潘塔纳平原和巴拉圭河附近种群数量也比较繁盛。

阿根廷、巴西、哥伦比亚、法属圭亚那、洪都拉斯、尼加拉瓜、巴拿马、巴拉圭、苏里南、美国、乌拉圭和委内瑞拉都禁止捕猎美洲虎，不过有问题的美洲虎允许被处理。但玻利维亚允许捕杀它们并作为奖品，在厄瓜多尔和圭亚那的美洲虎也没有受到任何保护。

# 老虎与文化

4

虎的文化源远流长，早在5000年前的印度河古文化中（今巴基斯坦一带）就发现有雕刻在图章上的虎的形象。印度教种有一个骑虎的女神杜伽(Durga)，这个女神的形象在印度随处可见，多出现在火车两侧。虎的象征意义在亚洲文化中早有体现，龙和虎很早就成为了中国的图腾，但与龙的虚无飘渺相比，虎却是现实中存在的动物。韩国的野生虎虽已经灭绝，但韩国人仍称自己的国度为“青龙白虎之邦”，在1988年汉城奥运会2002年韩日世界杯上，虎都被定为吉祥物。而在中国，虎的形象更是随处可见，殷墟甲骨文中就有虎字，现在汉字中的虎就很像一只虎。

虎前额上的花纹构成汉字中的“王”字，事实上，中国的“王”字就是因老虎而来的。虎是森林之王，因此中国人巧妙地以它前额上的花纹作为一个汉字，意思是统治者。如今，这个字已成为了百家姓中的一员了。

虎对人似乎并不亲切，却给人亲切的印象。虎是神的化身，而且赋予它人性的美德与智慧，在人们心中，它既是神兽，也是义兽。老虎除了是一个自然物种外，也是一种文化现象。它常被视为权力和制度的象征，威严凶猛无比，成为古代文学艺术描绘的对象。这充分体现虎与人类的密切关系和虎文化对世人的影响。本章我们就来探寻我们日常生活中那些蕴含了老虎文化的点点滴滴。

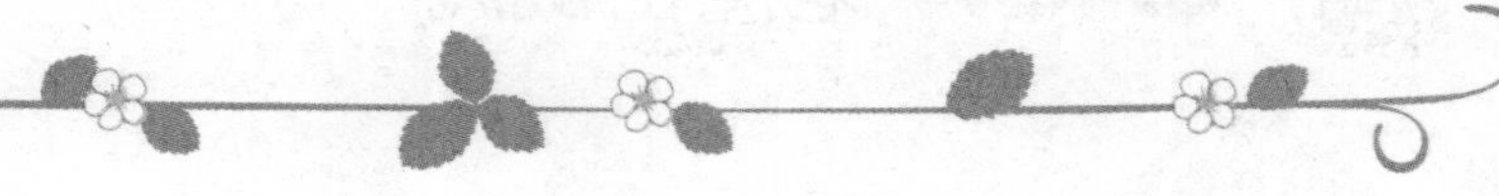

## 老虎的别称异名

虎除了现今所称的“虎”或“老虎”之外，从古至今它的别称异名更是散见在各代文典当中，如：

寅客。真诰上说：寅是一种长有白齿的兽类，同时它也能通晓机宜，深具灵性。海缘碎事上录有：“寅客，就是老虎”。

山君。说文上说：虎，是西方的野兽，又称作“兽君”，因为它是山中百兽之君的缘故。甩以又有“山君”的别称。

李父。法言上说：在古代河南、河北一带，当地的居民都称虎为“李父”。而在江西、湖广以及安徽一带则称其为“李耳”。从函谷关以东的居民，又以“都伯”的别名相称。

黄猛。清异录上说：石虎时代把虎称作“黄猛”是为了避讳而改称异名。

掩子。周书帝纪上记有：杨忠跟着周太祖来龙门（今山西、陕西两省的交界处）狩猎，碰见一只老虎，杨忠独自

一人与它搏斗，左手扶住虎腰，右手拉着虎舌，太祖看了后，称赞他的勇敢，于是就杨忠的字"掩子"来称呼老虎。

戾虫。国策上说：虎就是戾虫，人乃是它甘美的诱食，由于虎性的暴戾，所以用"戾虫"来称它。

大虫。传灯录上说：百丈向希连问"你见到大虫吗？"希连回答时以仿效出声音来示有。又在唐语林上说：唐宪宗元和年中，官员和吏人们一边饮酒一边谈论着平生的感叹，当谈到各人的喜好和惧怕时，有的人说喜好图书和下棋而害怕荒诞不实的事物，工部员外汝南周愿独说："我爱当宣州观察使，而惧怕大虫"。大虫即是指老虎。

黄斑。隋书五行志上说：高启逢铁冠先生诗上提到：

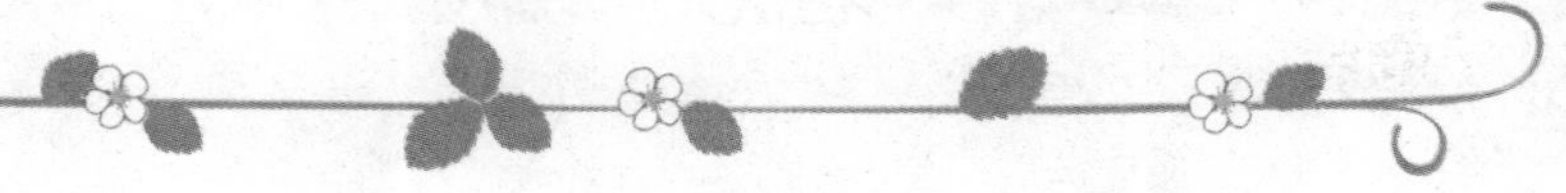

“铁冠先生有道者，往往人见骑黄斑。”这诗中所说的骑黄斑，就是指骑老虎。

斑子。广异记上说：天宝年间，四川人砍太白庙前的大树，有位老人来阻止他们，但是这些四川人不肯听从，老人一气之下就登山去叫“斑子”，一会儿整群的虎跑下来吃掉了四川人。由此可知“斑子”也是老虎的异名。

虞吏。金楼子说：寅日山中的人称“虞吏”也就是称呼老虎。

於菟。左传宣公四年记载：起初，若敖在郑国娶妻，生了斗伯比。若敖死后，斗伯比跟着母亲来到郧国，后来他和郧子的女儿私通，生了子文。郧夫人让人把子文丢在云

萝泽里。有老虎给他喂奶。郧子打猎，看到这场面，害怕而回来。夫人把女儿私生子的情况告诉郧子，郧子收养了子文。楚国人把奶叫做“谷”，把老虎叫做於菟，所以就把这个孩子叫做斗谷於菟。也有人叫“乌菟”，左思在“吴都赋”上说：“乌菟的族类，都是和长有甲皮的犀牛同类。”所说的乌菟便是指老虎而言的。

十八姨。录异记上说：嘉陵江侧住有一妇人，年龄在五十岁以上，自称作十八姨，常常到附近居民家中，也不用饮食，总是教悔告知人们要做好事，“假如做了坏事，我可要命令猫儿们三五只来检查你们。”话一说完便离去，一会儿便不见踪迹，人们之中有知道她是老虎所化身的，都非常敬畏惧怕她。

封使君。述异上记载：汉朝宣城太守封邵，忽然间变成老虎，吃当郡的郡民，只要称呼它封使君，就会由此离开而不再回来。所以当时的俗话说：“不要作封使君，活的时候不治理人民，死了反而来吃

人民。”

白额侯。宣室志说：张铤驻兵在四川的西部，宴席上遇见白额侯，于是检验他，乃是老虎。

斑寅将军。传奇上说：唐宣宗年间，宁茵秀才在南山庄夜间吟读，有人扣门，乃是南山斑寅将军请见，互相吟咏畅谈，查明检验他的身份后，乃是一只老虎。

此外，古今图书集成《禽虫典》记载：虎，又叫“神狗”，皮毛浅色的虎叫“戏猫”，长有角的虎叫“委虎”，有长尾巴的虎叫“尤耳”，身上有五彩图案的叫“驺吾”，有九条尾并长有人的面孔的虎叫“开明虎”，长有双翼的虎叫“穷奇虎”，下腹部青色的虎叫“离离”。

## 虎图腾

在原始社会旧石器时代，由于生产力水平的低下，人类在自然力和自然现象面前常常显得软弱无力，处于十分艰难的状态，于是具有原始思维的蒙昧性、混饨性和幻想性特点的一些氏族部落将威风八面的虎做为本民族的图腾，将虎形象刻画在自己身体明显部位的皮肤、服饰上或用具、武器、房门上，以虎的形象作为自己氏族的名称、特殊标志和神圣护符，把虎视为整个群体共有的保护神而虔诚地顶礼膜拜，

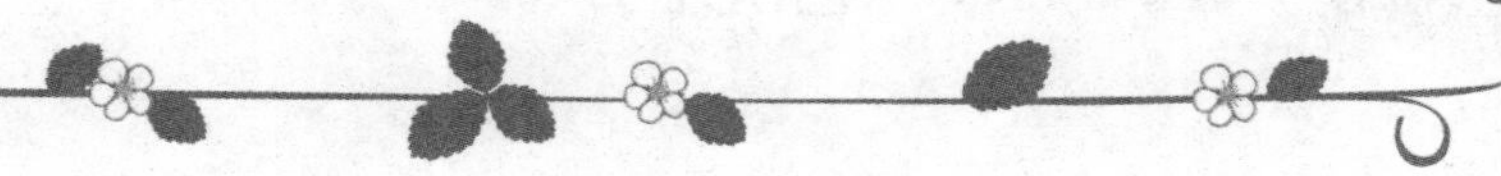

有的甚至还给虎画上了双翅，使之变成威力更加不可一世的“飞虎”，成为一种神兽。

传说原始社会时，我国中原黄河流域部落联盟的首领——黄帝（轩辕氏）就曾率领包括以虎为图腾崇拜的部落在内的众多部落联盟军，在阪泉（今河北涿鹿东南）打败了另一个部落首领炎帝。司马迁在《史记•五帝本纪》中也对此有所记载：“轩辕乃修德振兵……教熊、罴、貔、貅、虎，以与炎帝战于阪泉之野，三战然后得其志。《列子•黄帝》中也有：“黄帝与炎帝战于阪泉之野，帅熊、罴、狼、豹、虎为前驱，以雕、鹰、鸢为旗帜。”的描述。此外，在《大戴礼记•五帝德》和《论衡•率性》都有关于这段传说故事的记载。可见，实力强大的虎图腾部落在当时是阪泉大捷中以黄帝为首部落联盟军的主力部队之一。

由于虎的形象威风凛凛，因此自古以来就被用于象征军人的勇敢和坚强，如虎将、虎臣、虎士、虎贲、虎师、虎威、虎步、鹰扬虎视、燕颔虎须等词语，读上去就有一种不凡的气势。《汉书•王莽传》中记载：“莽拜将军九人皆以虎为号，号曰‘九虎’，将北军精兵数万而东。”，后来虎将也就成了勇将的通称。从周朝开始，军队中设立有虎贲，主要作为皇室的卫队，军官中也有虎贲中郎将、虎牙将军等职，据说“武王戎车三百两（辆），虎贲三千人，擒纣于牧野。”可见虎贲为武王灭纣立下了汗马功劳。虎贲的意思是犹如猛虎之奔走，形容其

一往无前。三国时，蜀国的关羽、张飞、赵云、马超、黄忠被封为"五虎上将"。魏国的许褚也因为骁勇善战，膂力过人，号称"虎痴"，当马超与其交战时，更其为"虎侯"，不敢掉以轻心。我国古代把处理军机事物的地方叫做"白虎堂"，把将帅的营帐称为虎帐，"柳林春试马，虎帐夜谈兵"成为古代军营生活的写风，唐朝王建《寄汴州令狐相公》一诗中也有："三军江口拥双旌，虎帐长开自教兵。"的句子。古代调兵遣将的兵符上面就用黄金刻上一只老虎，称为虎符。

在古代战争中，虎的作用并非仅限于称谓，而且还有作为战争工具直接参战的记录。西汉末期的公元23年，篡政的王莽不断招兵买马，建立了一

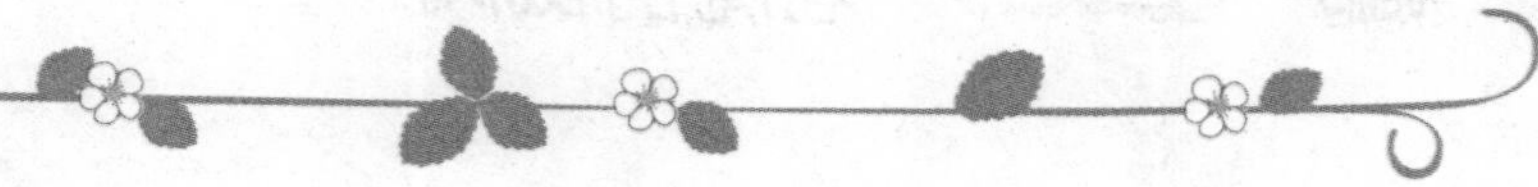

支庞大的军队，其中还有一个以虎、豹、象、犀牛等野兽组成的部队。但是，这支奇特的部队并没有使他的政权得以巩固。当王莽与汉室亲族刘秀在昆阳城外决战时，刘秀率领的3000名敢死队将王莽的军队杀得大败。等王莽放出野兽部队时，却又遇到狂风大作，暴雨倾盆，出笼的猛兽不仅无法发挥作用，还把自己的阵脚弄得大乱，最后全军覆没。

【白虎堂——《水浒传》中：林冲心疑，探头入帘看时，只见檐前额上有四个青字，写着："白虎节堂。"林冲猛省道："这节堂是商议军机大事处，如何敢无故辄入！"可见白虎堂为古代军机重地，相当于现代的军备司令部，系军事重地，任何人不经允许，不得携带武器进入，林冲疏忽大意，被高俅陷害为谋杀。】

# 虎商标

现在一些商家喜欢用十二生肖作商标，其中韩国商家最喜欢用十二生肖中的虎作商标。据2007年韩国专利厅4日公布的一项调查结果显示，在十二生肖中，虎被韩国商家用于商标的次数最多。

韩国专利厅对十二生肖用于商标的情况进行的调查表明，虎、马和龙被用得最多，它们分别被用于408种商标、197种商标和143种商标。鼠、蛇和猴被用得最少。

专利厅官员表示，韩国人讲究生肖，有些人还用生肖占卜财运和婚姻等，因此很多韩国商家愿意用生肖注册商标。韩国社会普遍认为，十二生肖中的虎、马和龙是能给人带来好运的吉祥物，象征神的力量的虎主要被注册为一些食品和厨房用品的商标，而马则主要被注册为餐饮业和农产品的商标。

# 虎姓的由来

（1）出自上古舜臣“八元”之一伯虎的后人，以虎为氏

据古史传说，相传帝喾有八大才子：伯奋、仲堪、叔献、季仲、伯虎、仲熊、叔豹、季狸（实际上是八个部族的首领）辅助他，史称“八元”。帝喾死后，尧继帝位，八元退隐。舜接替尧为帝时，重新起用大批元老旧臣，伯虎部族的首领才又复出为大臣。伯虎一族从此再度发达，他的后代遂以虎为姓，称为虎氏，成为今日虎姓家族的重要来源。

※ 尧

（2）出自回族中的虎姓

①回族中的虎姓，取自祖上回回名首音。如明代西域人忝克里别儿的，入中国居南京任职锦衣卫副千户。其子虎歹

别儿，以虎为姓，有孙虎先、虎马镇、虎梦解、虎如声、虎承瑞等。另，元明时将回回名首音译为"虎"字的还有撒马儿罕人虎歹达、康里人虎秀思等。回族虎姓也有谐音字演变而来的。据《元史•氏族表》载：赡思丁三子为忽辛、纳速剌丁四子为忽先，其后裔有以忽为姓者，也有改为虎姓者。又据云南昭通地区《虎姓家谱》载："吾祖奉请来朝。唐王亲封虎威将军……故由此子孙永远姓虎。"这是一支以祖上官职封号首字为氏的虎姓。

②据《回回姓氏考》载，虎（Māo 音猫）姓回族"唯成都虎姓，音不读虎而读猫（Māo）音。"其实，云南地区的虎姓也读猫（Māo）音。虎姓回族主要分布在西北、南京、成都和洛阳等地。

## 虎姓家族迁徙分布

虎姓在现代较为鲜见，古代亦不多。据《风俗通》载：有“合浦太守虎旗”。虎旗为汉代人氏，传为八元伯虎之后人。在历史上还有虎子威、虎大威、虎臣等人，亦为虎姓一族。在东汉《风俗演义》收的姓氏中就有此姓。汉代著名产珍珠的产地合浦，有太守名虎旗。元代有虎秉，为河内知

县。明代有大将虎大威，榆林人，曾为山西总兵。清代有虎坤元，四川人，为咸丰年间提督。《中国人名大辞典》收录虎氏姓名五例。此为冷姓，姓的人较少，为一般人所忽略。此外，带“虎”字的复姓有“术虎”“虎夷”等。云南省昭通地区的虎姓则是取祖上“虎威将军”封号的“虎”字为姓。生活在甘肃环县虎洞乡的虎姓人居多，自称自己的先祖是姬姓后裔。虎姓望居晋阳郡（秦置晋阳县，赵国都城置晋阳郡。不久又改名太原郡，属太原郡辖，现在山西太原市）。

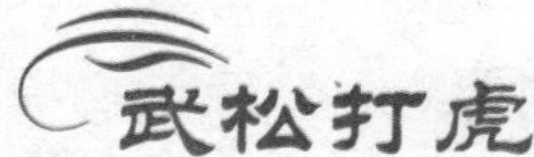

# 武松打虎

见施耐庵的《水浒传》中的第二十三回及明代沈璟《义侠记》传奇。昆腔、高腔、川剧、滇剧、秦腔均有此剧目。

故事讲的是：武松告别宋江回故里探望哥哥，路途经过景阳岗。在冈下酒店饮下十八碗酒，踉跄着向冈上走去。只见一棵树上写着：“近因景阳冈大虫伤人，但有过冈克上，应结伙成队过冈，请勿自误。”武松认为，这是酒家写来吓人的，为的是让过客住他的店，竟不理它，继续往前走。太阳快落山时，武松来到一破庙前，见庙门贴了一张官府告示，武松读后，

方知山上真有虎，待要回去住店，怕店家笑话，又继续向前走。由于酒力发作，便找了一块大青石，仰身躺下，刚要入睡，忽听一阵狂风呼啸，一只斑斓猛虎朝武松扑了过来，武松急忙一闪身，躲在老虎背后。老虎一纵身，武松又躲了过去。老虎急了，大吼一声，用尾巴向武松打来，武松又急忙跳开，并趁猛虎转身的那一霎间，举起哨棒，运足力气，朝虎头猛打下去。只听"咔嚓"一声，哨棒打在树枝上。老虎兽性大发，又向武松扑过来，武松扔掉半截棒，顺势骑在虎背上，左手揪住老虎头上的皮，右手猛击虎头，没多久就把老虎打得眼、嘴、鼻、耳到处流血，趴在地上不能动弹。武松怕老虎装死，举起半截哨棒又打了一阵，见那老虎确实没气了，才住手。从此武松威名大震。

【水浒传原文：却得宋江每日带挈他一处饮酒相陪，武松的前病都不发了。相伴宋江住了十数日，武松思乡，要回清河县看望哥哥。柴进、宋江两个，都留他再住几时。武松道："小弟的哥哥多时不通信息，因此要去望他。"宋江道："实是二郎要去，不敢苦留。如若得闲时，再来相会几时。"武松相谢了宋江。柴进取出些金银，送与武松。武松谢道："实是多多相扰了大官人。"武松缚了包裹，拴了梢棒要行。柴进又治酒食送路。武松穿了一领新纳红袖袄，戴着个白范阳毡笠儿，背上包裹，提了哨棒，相辞了便行。宋江道："弟兄之情，贤弟少等一等。"回到自己房内，取了些银两，赶出到庄门前来，说道："我送兄弟一程。"宋江和兄弟宋清两个送武松。待他辞了柴大官人，宋江也道："大官人，暂别了便来。"三个离了柴进东庄，行了五七里路。武松作别道："尊兄，远了，请回。柴大官人必然专望。"宋江道："何妨再送几步。"路上说些闲话，不觉又过了三二里。武松挽住宋江说道："尊兄不必远送。常言道：'送君千里，终须一别。'"宋江指着道："容我

再行几步。兀那官道上有个小酒店，我们吃三钟了作别。"

三个来到酒店里。宋江上首坐了，武松倚了哨棒，下席坐了。宋清横头坐定。便叫酒保打酒来。且买些盘馔果品菜蔬之类，都搬来摆在卓子上。三个人饮了几杯，看看红日平西。武松便道："天色将晚，哥哥不弃武二时，就此受武二四拜，拜为义兄。"宋江大喜。武松纳头拜了四拜。宋江叫宋清身边取出一锭十两银子，送与武松。武松那里肯受，说道："哥哥客中自用盘费。"宋江道："贤弟不必多虑。你若推却，我便不认你做兄弟。"武松只得拜受了，收放缠袋里。宋江取些碎银子，还了酒钱。武松拿了梢棒。三个出酒店前来作别。武松堕泪，拜辞了自去。宋江和宋清立在酒店门前，望武松不见了，方才转身回来。行不到五里路头，只见柴大官人骑着马，背后牵着两疋空马，来接宋江。望见了大喜。一同上马回庄上来。下了马，请人后堂饮酒。宋江弟兄两个，自此只在柴大官人庄上。

话分两头，有诗为证：别意悠悠去路长，挺身直上景阳

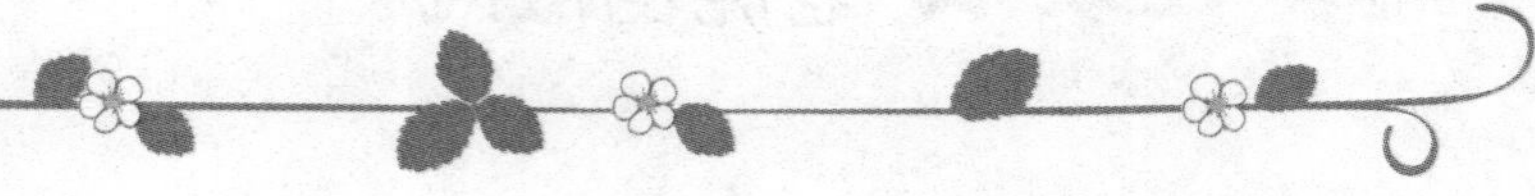

冈。醉来打杀山中虎，扬得声名满四方。只说武松自与宋江公别之后，当晚投客店歇了。次日早起来，打火吃了饭，还了房钱，拴束包裹，提了梢棒，便走上路。寻思道：“江湖上只闻说及时雨宋公明，果然不虚！结识得这般弟兄，也不枉了！武松在路上行了几日，来到阳谷县地面。此去离那县还远。当日晌午时分，走得肚中饥渴。望见前面有一个酒店，挑着一面招旗在门前，上头写着五个字道：“三碗不过冈”。武松入到里面坐下，把梢棒倚了，叫道：“主人家，快把酒来吃。”只见店主人把三只碗、一双箸、一碟热菜，放在武松面前。满满筛一碗酒来。武松拿起碗。一饮而尽。叫道：“这酒好生有气力”主人家，有饱肚的买些吃酒？”酒家道：“只有熟牛肉。”武桦道：“好的切二三斤来吃。”

酒店家去里面切出二斤熟牛肉，做一大盘子将来，放在武松面前。随即再筛一碗酒。武松吃了道：“好酒！”又筛下一碗。恰好吃了三碗酒，再也

不来筛。武松敲着桌子叫道：“主人家，怎的不来筛酒？”酒家道：“客官要肉便添来。”武松道：“我也要酒，也再切些肉来。”酒家道：“肉便切来，添与客官吃，酒旗上面，明明写道：“三碗不过冈。”武松道：“怎地唤做三碗不过冈？”酒家道：“俺家的酒，虽是村酒，却比老酒的滋味。但凡客人来我店中吃了三碗的，便醉了，过不得前

却不添了。”武松道：“却又作怪！”便问主人家道：“你如何不肯卖酒与我吃？”酒家道：“客官，你须见我门前招面的山冈去。因此唤做‘三碗不过冈’。若是过往客人到此，只吃三碗，更不再问。”武松笑道：“原来恁地！我却

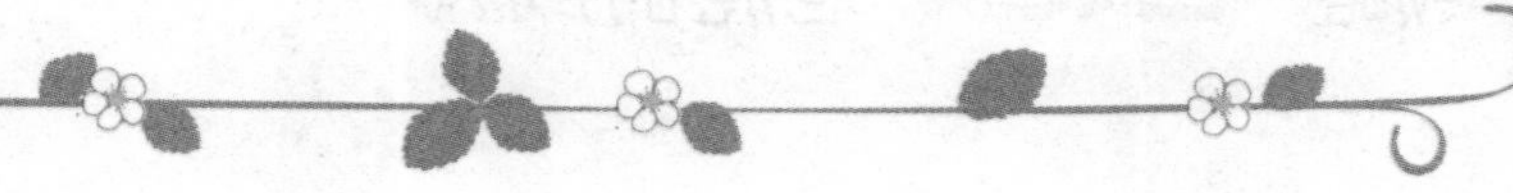

吃了三碗，如何不醉？”酒家道：“我这酒叫做‘透瓶香’，又唤做‘出门倒’。初入口时，醇浓好吃，少刻时便倒。”武松道：“休要胡说。没地不还你钱。再筛三碗来我吃。”酒家见武松全然不动，又筛三碗。武松吃道：“端的好酒！主人家，我吃一碗，还你一碗钱，只顾筛来。”酒家道：“客官休只管要饮。这酒端的要醉倒人，没药医。”武松道：“休得胡鸟说！便是你使蒙汗药在里面，我也有鼻子。”店家被他发话不过，一连又筛了三碗。武松道：“肉便再把二斤来吃。”酒家又切了二斤熟牛肉，再筛了三碗酒。武松吃得口滑，只顾要吃。去身边取出些碎银子，叫道：“主人家，你且来看我银子，还你酒肉钱够么？”酒家看了道：“有余，还有些贴钱与你。”武松道：“不要你贴钱，只将酒来筛。”酒家道：“客官，你要吃酒时，还有五六碗酒里，只怕你吃不的了。”武松道：“就有五六

碗多时，你尽数筛将来。”酒家道：“你这条好汉，倘或醉倒了时，怎扶的你住。”武松答道：“要你扶的不算好汉。”酒家哪里肯将酒来筛。武松焦燥道：“我又不白吃你的，休要引老爹性发，通教你屋里粉碎，把你这鸟店子倒翻转来！”酒家道：“这厮醉了，休惹他。”再筛了六碗酒与武松吃了。前后共吃了十五碗。绰了梢棒，立起身来道：“我却又不曾醉。”走出门前来，笑道：“却不说三碗不过冈！”手提梢棒便走。酒家赶出来叫道：“客官那里去？”武松立住了，问道：“叫我做甚么？我又不少你酒钱，唤我怎地？”酒家叫道：“我是好意。你且回来我家看官司榜文。”武松道：“甚么榜文？”酒家道：“如今前面景阳冈上，有只吊睛白额大虫，晚了出来伤人。坏了三二十条大汉性命。官司如今杖限打猎捕户，擒捉发落。冈子路口两边人民，都有榜文。可教往来客人，结伙

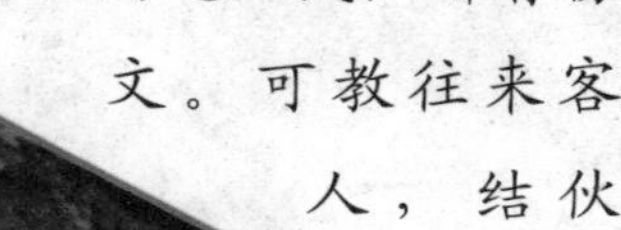

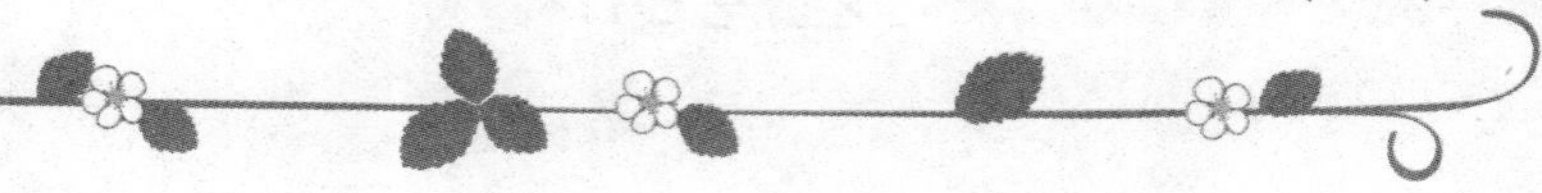

成队，于巳、午、三个时辰过冈。其余寅、卯、申、酉、戌、亥六个时辰，不许过冈。更兼单身客人，不许白日过冈。务要等伴结伙而过。这早晚正是未末申初时分。我见你走都不问人，枉送了自家性命。不如就我此间歇了，等明日慢慢凑的三二十人，一齐好过冈子。”武松听了，笑道：“我是清河县人氏。这条景阳冈上，少也走过了一二十遭。几时见说有大虫！你休说这般鸟话来吓我！便有大虫，我也不怕。”酒家道：“我是好意救你。你不信时，进来看官司榜文。”武松道：“你鸟子声！便真个有虎，老爷也不怕！你留我在家里歇，莫不半夜三更要谋我财，害我性命，却把鸟大虫唬吓我？”酒家道：“你看么！我是一片好心，反做恶意，倒落得你恁地说！你不信我时，请尊便自行。”正是：前车倒了千千辆，后车过了亦如然。分明指与平川路却把忠

言当恶言。

那酒店里主人摇着头，自进店里去了。这武松提了梢棒，大着步，自过景阳冈来。约行了四五里路，来到了冈子下，见一大树，刮去了皮，一片白，上写两行字。武松也颇识几字。抬头看时，上面写道："近因景阳冈大虫伤人，但有过往客商，可于巳、午、未三个时辰结伙成队过冈。勿请自误。"武松看了，笑道："这是酒家诡诈，惊吓那等客人，便去那厮家里宿歇。你却怕甚么鸟！"横拖着梢棒，便上冈子来。那时已有申牌时分。这轮红日，压压地相傍下山。武松乘着酒兴，只管走上冈子来。走不到半里多路，见一个败落的山神庙。行到庙前，见这庙门上贴着一张印信榜文。武松住了脚读时，上面写道："阳谷县为这景阳冈上新有一只大虫，近来伤害人命。见今杖限各乡里

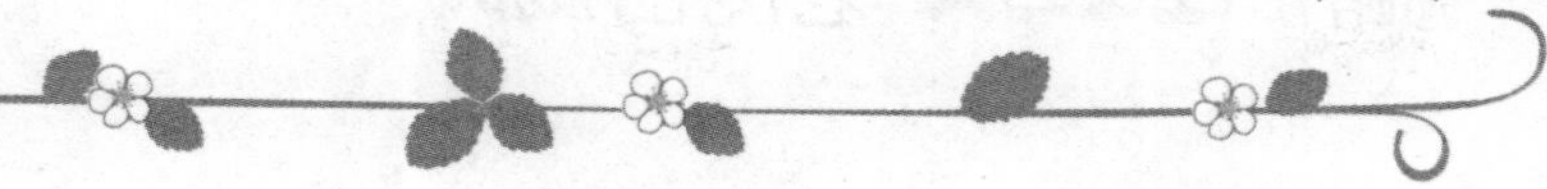

正并猎户人等，打捕未获。如有过往客商人等，可于巳、午、未三个时辰结伴过冈。其余时分及单身客人，白日不许过冈。恐被伤害性命不便。各宜知悉。”武松读了印信榜文，方知端的有虎。欲待发步再回酒店里来，寻思道：“我回去时，须吃他耻笑，不是好汉，难以转去。”存想了一回，说道：“怕甚么鸟！且只顾上去，看怎地！”武松正走，看看酒涌上来，便把毡笠儿背在脊梁上，将梢棒绾在肋下，一步步上那冈子来。回头看这日色时，渐渐地坠下去了。此时正是十月间天气，日短夜长，容易得晚。武松自言自说道：“那得甚么大虫！人自怕了，不敢上山。”武松走了一直，酒力发作，焦热起来。一只手提着梢棒，一只手把胸膛前袒开，浪浪跄跄，直奔过乱树林来。见一块光挞挞

大青石，把那梢棒倚在一边，放翻身体，却待要睡，只见发起一阵狂风来。看那风时，但见：

无形无影透人怀，四季能吹万物开。

就树撮将黄叶去，入山推出白云来。

原来但凡世上云生从龙，风生从虎。那一阵风过处，只听得乱树背后扑地一声响，跳出一只吊睛白额大虫来。武松见了，叫声："呵呀！"从青石上翻将下来，便拿那条梢棒在手里，闪在青石边。那个大虫又饥又渴，把两只爪在地下略按一按，和身望上一扑，从半空里撺将下来。武松被那一惊，酒都做冷汗出了。说时迟，那时快，武松见大虫扑来，只一闪，闪在大虫背后。那大虫背后看人最难，便把前爪搭在

地下，把腰胯一掀，掀将起来。武松只一躲，躲在一边。大虫见掀他不着，吼一声，却似半天里起个霹雳，振得那山冈也动。把这铁棒也似虎尾倒竖起来，只一剪，武松却又闪在一边。原来那大虫拿人，只是一扑，一掀，一剪。三般提不着时，气性先自没了一半。那大虫又剪不着，再吼了一声，一兜，兜将回来，武松见那大虫复翻身回来，双手轮起稍棒，尽平生气力，只一棒，从半空劈将下来。听听得一声响，簌簌地将那树连枝带叶，劈脸打将下来。定睛看时，一棒劈不着大虫。原来慌了，正打在枯树上，把那条稍棒折做两截，只拿得一半在手里。那大虫咆哮，兽性发起来，翻身又只一扑，扑将来。武松又只一跳，却退了十步远。那大虫却好把两只前爪搭在武松面前。武松将半截棒丢在一边，两只手就势把大虫

顶花皮揪住，一按按将下来。那只大虫急要挣扎，早没了气力。被武松尽气力纳定，哪里肯放半点儿松宽。武松把只脚望大虫面门上、眼睛里只顾乱踢。那大虫咆哮起来，把身底下扒起两堆黄泥，做了一个土坑。武松把那大虫嘴直按下黄泥坑里去。那大虫吃武松奈何得没了些气力。武松把左手紧紧地揪住顶花皮，偷出右手来，提起铁锤般大小拳头，尽平生之力，只顾打。打得五七十拳，那大虫眼里、口里、鼻子里、耳朵里，都迸出鲜血来。那武松尽平昔神威，仗胸中武艺，半歇儿把大虫打做一堆，却似倘着一个锦布袋。有一篇古风，单道景阳冈武松打虎。但见：

景阳冈头风正狂，万里阴

云霾日光。

焰焰满川枫叶赤，纷纷遍地草芽黄。

触目晚霞挂林薮，侵人冷雾满穹苍。

忽闻一声霹雳响，山腰飞出兽中王。

昂头勇跃逞牙爪，谷口麋鹿皆奔忙。

山中狐兔潜踪迹，涧内獐猿惊且慌。

卞庄见后魂魄丧，存孝遇时心胆强。

清河壮士酒未醒，忽在冈头偶相迎。

上下寻人虎饥渴，撞着狰狞来扑人。

虎来扑人似山倒，人去迎虎如岩倾。

臂腕落时坠飞炮，爪牙爬处成泥坑。

拳头脚尖如雨点，淋漓两手鲜血染。

秽污腥风满松林，散乱毛须坠山崦。

近看千钧势未休，远观八面威风敛。

身横野草锦斑销，紧闭双睛光不闪。

当下景阳冈上那只猛虎，

被武松没顿饭之间，一顿拳脚打得那大虫动旦不得，使得口里兀自气喘。武松放了手，来松树边寻那打折的棒橛，拿在手里，只怕大虫不死，把棒橛又打了一回。那大虫气都没了。武松再寻思道："我就地拖得这死大虫下冈子去。"就血泊里双手来提时，那里提得动。原来使尽了气力，手脚都酥软了，动旦不得。

武松再来青石坐了半歇，寻思道："天色看看黑了。倘或又跳出一只大虫来时，我却怎地斗得他过。且挣扎下冈子去，明早却来理会。"就石头边寻了毡笠儿，转过乱树林边，一步步捱下冈子来。走不到半里多路，只见枯草丛中，钻出两只大虫来。武松道："呵呀！我今番死也！性命罢了！"只见那两个大虫，于黑影里直立起来。武松定睛看时，却是两个人，把虎皮缝做衣裳，紧紧拼在身上。那两个人手里各拿

着一条五股叉。见了武松，吃了一惊道："你那人吃了熊心，豹子肝！狮子腿！胆倒包着身躯！如何敢独自一个，昏黑将夜，又没器械，走过冈子来！不知你是人是鬼？"武松道："你两个是什么人？"那个人道："我们是本处猎户。"武松道："你们上岭来做甚么？"两个猎户失惊道："你兀自不知哩！如今景阳冈上有一只极大的大虫，夜夜出来伤人。只我们猎户，也折了七八个。过往客人，不计其数，都被这畜生吃了。本县知县，着落当乡里正和我们猎户人等捕捉。那业畜势大，难近得他，谁敢向前。我们为他，正不知吃了多少限棒。只捉他不得。今夜又该我们两个捕猎，和十数个乡夫在此上上下下，放了窝弓药箭等他。正在这里埋伏，却见你大刺刺地从冈子上走将下来。我两个吃了

一惊。你却正是甚人？曾见大虫么？”武松道：“我是清河

县人氏，姓武，排行第二。却才冈子上乱树林边，正撞见那大虫，被我一顿拳脚打死了。”两个猎户听得痴呆了，说道：“怕没这话！”武松道：“你不信时，只看我身上兀自有血迹。”两个道：“怎地打来？”武松把那打大虫的本事，再说了一遍。两个猎户听了，又惊又喜！叫拢那十个乡夫来。只见这十个乡夫，都拿着禾叉，踏弩刀枪，随即拢来。武松问道：“他们众人如何不随着你两个上山？”猎户道：“便是那畜生利害，他们如何敢上来。”一伙十数个人，都在面前。两个猎户把武松打杀大虫的事，说向众人。众人都不肯信。武松道：“你众人不肯信时，我和你去看便了。”众人身边都有火刀、火石，随即发出火来，点起五七个火把。众人都跟着武松，一同再上冈子来。看见那大虫做一堆儿死在那里。众人见了大喜。先叫一个去报知本县里正，并该管上户。这里五七个乡夫，自把大虫缚了，抬下冈子来。到得岭下，早有七八十人都哄将来。先把死大虫抬在前面，将一乘兜轿，抬了武松，迳投本处一个上户家来。

那户里正都在庄前迎接。把这大虫打到草厅上。却有本乡上户、本乡猎户三二十人，都来相探武松。众人问道："壮士高姓大名？贵乡何处？"武松道："小人是此间邻郡清河县人氏，姓武名松，排行第二。因从沧州回乡来，昨晚在冈子那边酒店，吃得大醉了，上冈子来，正撞见这畜生。"把那打虎的身份拳脚，细说了一遍。众上户道："真乃英雄好汉！"众猎户先把野味将来与武松把杯。武松因打大虫困乏了，要睡。大户便叫庄客打并客房，且教武松歇息。到天明，上户先使人去县里报知，一面合具虎床，安排端正，迎送县里去。天明，武松起来洗漱罢，众多上户牵一群羊，挑一担酒，都在厅前伺候。武松穿了衣裳，整顿巾帻，出到前面，与众人相见。众上户把盏说道："被这个畜生正不知害了多少人性命！连累猎户吃了几顿限棒。今日幸得壮士来到，除了这个大害。一乡中人民有福，第二客侣通行，实出壮士之赐。"武松谢道："非小子之能，托赖众长上福荫。"众人都来作贺，吃了一

早晨酒食。抬出大虫，放在虎床上。众乡村上户，都把段疋花红来挂与武松。武松有些行李包裹，寄在庄上，一齐都出庄门前来。早有阳谷县知县相公，使人来接武松，都相见了。叫四个庄客，将乘凉轿来抬了武松，把那大虫扛在前面，挂着花红段疋，迎到阳谷县里来。那阳谷县人民，听得说一个壮士打死了景阳冈上大虫，迎喝将来，尽皆出来看，哄动了那个县治。武松在轿上看时，只见亚肩叠背，闹闹嚷嚷，屯街塞巷，都来看迎大虫。到县前衙门口，知县已在厅上专等。武松下了轿，扛着大虫，都到厅前，放在甬道上。知县看了武松这般模样，又见了这个老大锦毛大虫，心中自忖道："不是这个汉，怎地打的这个猛虎！"便唤武松上厅来，武松去厅前声了喏。知县问道："你那打虎的壮士，你却说怎生打了这个大虫？"武松就厅前将打虎的本事，说了一遍。厅上厅下众多人等，都惊的呆了。知县就厅上赐了几杯酒，将出上户辏的赏赐钱一千贯，赏赐武松了。】

# 李逵杀虎

※李逵

见施耐庵的《水浒传》中的第四十二回。水浒传人物谱中的天杀星李逵，长相黝黑粗鲁，小名铁牛，江湖人称“黑旋风”，排梁山英雄第二十二位，是梁山步军第五位头领。宋江被发配江州，吴用写信让江州两院押牢节级戴宗照应。李逵这时正是戴宗手下做看守的一名小兵，就和宋江认识。戴宗传梁山假书被识破，和宋江两人被押赴刑场杀头，李逵率先挥动一双板斧打去，逢人便杀，

勇猛无比。上梁山后，思母心切，就回沂州接老母，在背老母翻越沂岭时，老母亲因口渴难耐，故迁李逵去打水，当李逵打水回来却找不到母亲的身影，于是开始四处寻找，突然看到有两只小虎在啃着一条人腿，李逵辨认出是自己的老母，一时生气，杀死了两只小虎，后又钻入虎洞内，伏在里面，一一把两只打老虎也打死。便走向泗州大圣庙里，睡到天明。次日早晨李逵来收拾亲娘的腿及剩的骨殖，包在布衫里，直到泗州大圣庙后掘土坑葬了。

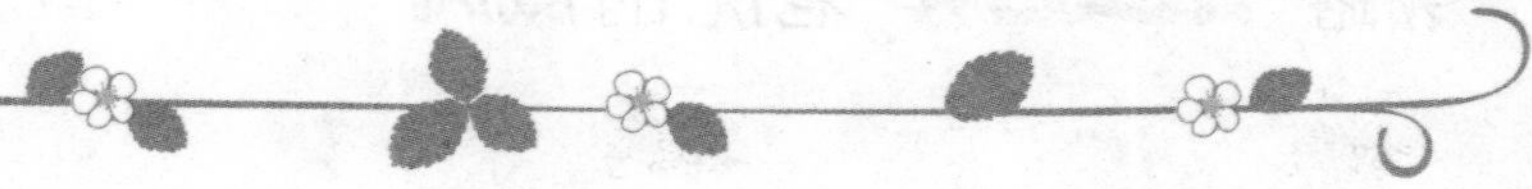

【水浒传原文：上问道："是谁入来？"李逵看时，见娘双眼都盲了，坐在床上念佛。李逵道："娘，铁牛来家了！"娘道："我儿，你去了许多时，这几年正在那里安身？你的大哥只是在人家做长工，止博得些饭食，养娘全不济事！我时常思量你，眼泪流干，因此瞎了双目。你一向正是如何？"李逵寻思道："我若说在梁山泊落草，娘定不肯去；我只假说便了。"李逵应道："铁牛如今做了官，上路特来取娘。"娘道："恁地好也！只是你怎生和我去得？"李逵道："铁牛背娘到前路，觅一辆车儿载去。"娘道："你等大哥来，商议。"李逵道："等做甚么，我自和你去便了。"恰待要行，只见李达提一罐子饭来。入得门，李逵见了便拜道："哥哥，多年不见！"李达骂道："你这厮归来做甚？又来负累人！"娘便道："铁牛如今做了官，特地家来取我。"李达道："娘呀！休信他放屁！当初他打杀了人，教我披枷带锁，受了万千的苦。如今又听得他和梁山泊贼人通同，劫了法场，闹了江州，现在梁山泊做了强盗。前日江州行移公文到来，着落原籍追捕正身，要捉我到官比捕；又得财主替我官司分理，说：'他兄弟已自十来年不知去向，亦不曾回家，莫不是同名同姓的人冒供乡贯？'又替我上下使钱。因此不官司仗限追要。见今出榜赏三千贯捉他！你这厮不死，却走家来胡说乱道！"李逵道："哥哥不要焦躁，一发和你同上山去快活，多少是好，"李达大怒，本待要打李逵，又敌他不过；把饭罐撇在地下，一直去了。李逵道："他这一去，必报人来捉我，是脱不得身，不如及早走罢。我大哥从来不曾见这大银，我且留下一锭五十两的大银子放床上。大哥归来见了，必然不赶来。"李逵便解下腰包，取一锭大银放在床上，叫道："娘，我自背你去休。"娘道："你背我那里去？"李逵道："你休问我，只顾去快便了。我自背你去，不妨。"李逵当下背了娘，提了朴刀，出门望小路里便走。说李达奔来财主家报了，领着十来个庄客，飞也似赶到家里，看时，不见了老娘，只见床上留下一锭大银子。李达见了这锭大银，心中忖道："铁牛留下银子，背娘去那里藏了？必是梁山泊有人和他来，我若赶去，倒他坏了性命。想他背娘必去山寨里快

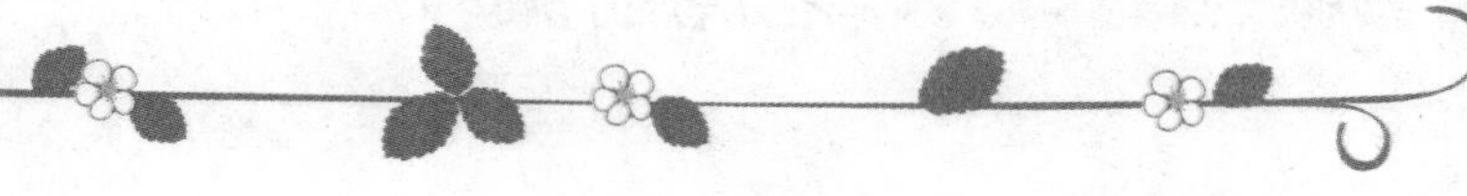

活。”众人不见了李逵，都没做理会处。李达对众庄客说道：“这条牛背娘去，不知往那条路去了。这里小路甚杂，怎地去赶他？”众庄客见李达没理会处，俄延了半，也 各自回去了，不在话下。这里只说李逵怕李达领人赶来，背着娘，只奔乱山深处僻 静小路而走。看看天色晚了，李逵背到岭下。娘双眼不明，不知早晚，李逵自认得 这条岭唤做沂岭，过那边去，方有人家。娘儿两个趁着星明月朗，一步步捱上岭来。娘在背上说道：“我儿，那里讨口水来我也好。”李逵道：“老娘，且待过岭去，借了人家安歇了，做些饭罢。”娘道：“我日中了些干饭，口渴得当不得！”李逵道：“我喉咙里也烟发火出；你且等我背你到岭上，寻水与你。”娘道：“我儿，端的渴杀我也！救我一救！”李逵道：“我也困倦得要不得！”李逵看看捱得到岭上松树边一块大青石上，把娘放下，插了朴刀在侧边，分付娘

道："耐心坐一坐，我去寻水来你。"李逵听得溪涧里水响，闻声寻路去，盘过了两三处山脚，来到溪边，捧起水来自了几口，寻思道："怎生能彀得这水去把与娘？"立起身来，东观西望，远远地山顶见一座庙。李逵道："好了！"攀藤揽葛，上到庵前，推开门看时，是个泗洲大圣祠堂；面前只有个石香炉。李逵用手去掇，原来是和座子凿成的。李逵拔了一回，那里拔得动；一时性起来，连那座子掇出前面石阶上一磕，把那香炉磕将下来，拿了再到溪边，将这香炉水里浸了，拔起乱草，洗得干净，挽了半香炉水，双了擎来，再寻旧路，夹七夹八走上岭来；到得松树边石头上，不见了娘，只见朴刀插在那里。李逵叫娘喝水，杳无踪迹。叫了一声不应，李逵心慌，丢了香炉，定住眼，四下

里看时，并不见娘；走不到三十余走，只见草地上团团血迹。李逵见了，一身肉发抖；趁着那血迹寻将去，寻到一处大洞口，只见两个小虎儿在那里啃一条人腿。李逵把不住抖，道：“我从梁山泊归来，特为老娘来取他。千辛万苦，背到这里，倒把来与你了！那鸟大虫拖着这条人腿，不是我娘的是谁的？”心头火起便不抖，赤黄须早竖起来，将手中朴刀挺起，来搠那两个小虎。这小大虫被搠得慌，也张牙舞爪，钻向前来；被李逵手起，先搠死了一个，那一个望洞里便钻了入去。李逵赶到洞里，也搠死了。李逵却钻入那大虫洞内，伏在里面，张外面时，只见那母大虫张牙舞爪望窝里来。李逵道：“正是你这孽畜了我娘！”放下朴刀，跨边掣出腰刀。那母大虫到洞口，先把尾去窝里一剪，便把后半截身躯坐将入去。李逵在窝里看得仔细，把刀朝母大虫尾底下，尽平生气力，舍命一戳，正中那母大虫粪门。李逵使得力重，和那刀靶也直送入肚里去了。那母大虫吼了一声，就洞口，带着刀，跳过涧边去了。李逵拿了朴刀，就洞里赶将出来。那老虎疼痛难忍，直抢下山石下去了。李逵恰待要赶，只见

就树边卷起一阵狂风，吹得败叶树木如雨一般打将下来。自古道："云生从龙，风生从虎。"那一阵风起处，星月光辉之下，大吼了一声，忽地跳出一只吊睛白额虎来。那大虫望李逵势猛一扑。那李逵不慌不忙，趁着那大虫势力，手起一刀，正中那大虫颌下。那大虫不曾再掀再剪：一者护那疼痛，二者伤着他那气。那大虫退不毂五七，只听得响一声，如倒半壁山，登时间死在下。那李逵一时间杀了母子四虎，还又到虎窝边，将着刀复看了一遍，只恐还有大虫，已无有踪迹。李逵也困乏了，走向泗州大圣庙里，睡到天明。次日早晨李逵来收拾亲娘的腿及剩的骨殖，把布衫包里了；直到泗州大圣庙后掘土坑葬了。李逵大哭了一场，肚里又又渴，不免收拾包里，拿了朴刀，寻路慢慢的走过岭来。只见五七个猎户都在那里收窝弓弩箭。见了李逵一身血污，行将下岭来，众猎户了一惊，问道："你这客人莫非是山神土地？如何敢独自过岭来？"李逵见问，自肚里寻思道："如今沂水县出榜赏三千贯钱捉我，我如何敢说实话？只谎说罢。"答道："我是客人。昨夜和娘过岭来，因我娘要水，我去岭下取水，被那大虫把我娘拖去了。我直寻到虎窝里，先杀了两个小虎，后杀了两个大虎。泗州大圣庙里睡到天明，方下来。"】

李逵是个莽夫，他杀虎的初衷是为母报仇，没想，歪打正着，成了为民除害的英雄。

中国用“虎”
命名的地区
5

中国虎文化源远流长，老虎一直是中国传统文化中不可或缺的一部分。老虎被称为“百兽之王”，一直被看成是威风，勇猛的象征，在古代军事中经常被引用。不过除了在军事中借用虎的形象，在文学作品中也处处可以看到虎的踪影，人类自古以来就对动物有着浓厚的兴趣，喜欢围绕它们或杜撰许多神话传说，或根据见闻来为它们传记，很多故事流传至今。人们还喜欢用虎来命名一些地区，因为虎的形象一直是威风凛凛，所以用它来命名一些军事要塞，可以起到震慑敌军的作用。还有些因为老虎经常出没，所以人们也爱用虎来为它们起名字。本章我们就来举例看下那些以虎命名的地区是如何得名以及它们各有些什么样的与众不同之处。

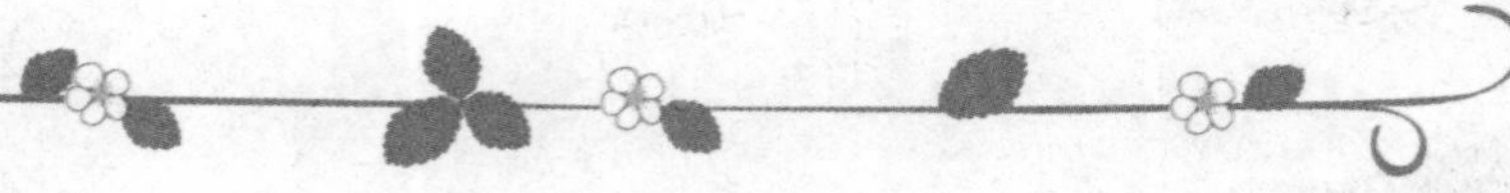

# 虎牢关

虎牢关又名虎关、制，位于河南省荥阳市区西北部16公里的汜水镇，因西周穆王在此牢虎而得名。这里秦置关、汉置县，以后的封建王朝，无不在此设防。虎牢关南连嵩岳，北濒黄河，山岭交错，自成天险。大有一夫当关，万夫莫开之势，为历代兵家必争之地，特别是三英战吕布更使其名声大震。

目前，该景区吸引了不少国内外游客。历史上许多军事活动均发生于此。春秋鲁隐公五年(公元前718年)郑败燕师于此；鲁襄公二年(公元前571年)晋悼王会诸侯于戚以谋郑，用孟献子“请城虎牢以逼郑”之计，开始在此筑城；战国时期齐、楚、燕、韩、赵、魏六国驻兵虎牢关和秦国对抗，楚汉争霸时(公元前203年)，刘邦、项羽在此争城夺关，特别是东汉末年，吕

※吕布

布在此大战刘、关、张，更使虎牢关威名大震；唐代李世民大战窦建德、宋代岳飞大破金兵于竹芦渡，一直到元、明、清仍是鏖战纷繁，时闻杀声。虎牢关为历史上的古战场，帝王的争地图疆为人们留下了很多可供观瞻的历史遗迹名胜。景区内有吕布城、跑马岭、饮马沟、绊马索、张飞寨、三义庙、华雄岭、王莽洞、“玉门古渡”、“玄武灵台”景点。再建古战场文化雕塑苑、千亩鱼塘、千亩荷塘、野禽湿地保护区、黄河农家乐、文化广场等。

现在虎牢关已经开始规划建立风景区（目前已经实施一部分），把虎牢关的路重修扩宽，扩修三义庙（关羽的庙），修整点将台（吕布当年用的），并且黄河渡口开始有不少的游船（供游客乘坐）还有餐饮业的船（供吃饭）。

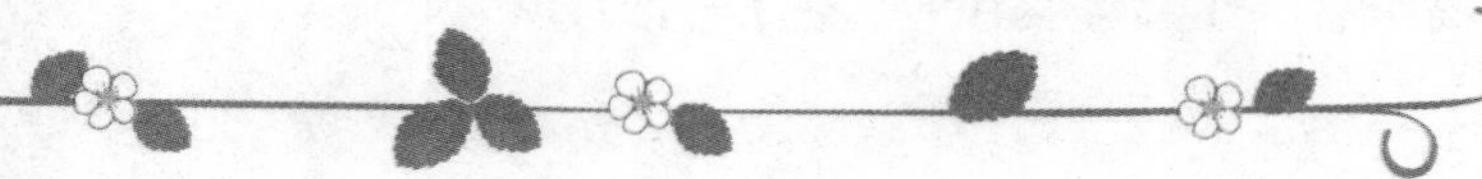

【“三英战吕布”——见长篇历史小说《三国演义》第五回，故事背景为袁绍联合十八路诸侯讨伐董卓，猛将吕布一连打败众将之后，刘备、关羽、张飞三兄弟在虎牢关与吕布大战的故事。“三英”指刘备（字玄德）、关羽(字云长)、张飞（字翼德）。但据史书记载，参与讨伐董卓的没有公孙瓒，也没有“三英”，因此小说中“温酒斩华雄”以及“三英战吕布”都是罗贯中杜撰的。】

※虎牢关之战

# 抱虎岭

抱虎岭主峰海拔220多米，是海南岛民东北部的第二高峰（次于铜鼓岭），自古被誉为文昌名山之一。抱虎岭南北走向，山势狰狞，整个形貌似巨人抱着一只老虎，南为岭头似虎首，北为岭尾似虎股，中间顺势弓形下弯中有小处隆起，状似巨大骑虎腰抱虎颈。岭岩临海挺拔，气势磅礴，似斧削般俊奇，山上怪石嶙峋，悬石叠岩慑人胆魄。特别是那巨大的老鹰石，似坠似飞，而又稳伏于山岭之东，呈现出捕虎壮士的坚毅和雄姿，充分展示了自然造物之伟大。

南北两峰互相比衬，北看海涛，南观日照，一俯一仰，各具奇态。岩缝石谷，树木繁茂，绿冠成荫，山花进驻卉，四季争妍；山乳、山蕉、山竹、牛蓑（栗子），麦旦（海南土音）、赤兰、野榄等野果按季结出，四时均有采摘，故岭下有童谣："饲牛小孩不该饿，吃了山乳又吃蕉；吃了

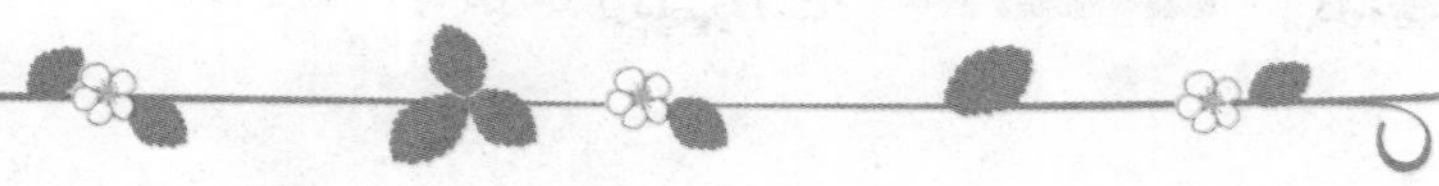

牛蓑到麦旦，吃了赤兰才知完。”岭西，两道山涧潺潺流下，分别流向岭脚、抱肖两村之东，涧水源于崇岭内部花岗崖隙，长年泉水叮咚，水质清甜。岭南脚下有一明月般水泊，据说是虎饮水之地方，1960年修面南岭水库，水面更加广阔。抱虎岭东北有个充满神奇色彩的小山峰，乡人称之：“观音岭”。

据古书记载，明朝万历三十三年（公元1650年），琼州地震，铺前73村被震陷，抱虎岭随之增高百多尺，传说因抱虎岭增高后触及雷公睾丸，雷公将其打断一截，断峰落于岭之东北，成一小岭，即今之观音岭。抱虎岭和观音岭貌离神合，古来被视为一大风水宝地，明清以来，均有道僧在这里炼丹修道，现在尚保存较完整的炼丹庵和古碑群。抱虎岭动植物资源丰富，野生动物有野猪、刺猬、狐狸、穿山甲、蟒蛇、坡马、山鸡、白面鸡、松鼠等几十种；植物资源，除树木野果外，还有毛山薯、淮山

药、红藤、白藤、山姜、金银花等好几十种。附近村民自古以来就有采药和狩猎的习惯。

古传"海南自古山无虎"，而此为何以"抱虎"为名？这里有着一个动人的故事：远古时候，海南岛和大陆相连，尚无海峡隔开，那时五指山中藏着一只吊睛白额的大老虎，经常进入村寨伤人，不知伤害了多少人命，百姓只好携儿带女出走他乡。此事被镇守五指山外城邑的李观音将军知道了，他决心上山打虎，为民除害。一天李将军带着几十个勇士，全副武装上五指山。他们在山在找了七七四十九天，终于找到虎穴。李将军指挥勇士们拉开连势，包围虎穴。当老虎从洞中

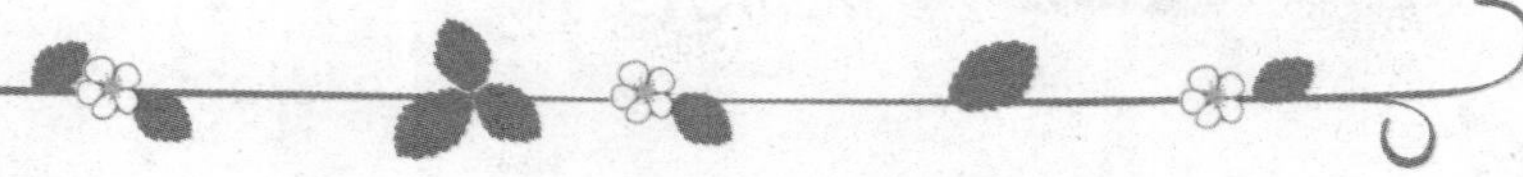

出来，李将军一声号令，弓箭齐发。老虎身中数箭，狂啸着冲出包围圈，向山下逃去。李将军带勇士们跟踪追击，一直追了三天三夜，几十个勇士筋疲力尽，都掉伍了，只有李将军紧紧追上老虎。受伤的老虎逃到翁田的景心角海滨，前去无路，便返身向李将军扑去。李将军挥剑与老虎搏斗，打了九九八十一回合，手中福剑被老虎尾巴打得脱手而飞，他只好用一双铁拳同老虎对打，打了两三个时辰，老虎被打得眼凸面肿，李将军被老虎咬伤几处，鲜血直流。老虎用尽力气再次扑向李将军，眼看退不及闪不开，李将军便拼尽全力，一跃而起骑到虎背上，两只手紧紧擒着老虎的脖子，用力往前施到鸡毛湾岸边，老虎断气了，李将军也骑在虎背上死去了。

不久，一大群蚂蚁搬来土粒把李将军和老虎的尸体盖住了，鸡毛湾岸边便隆起一个虎

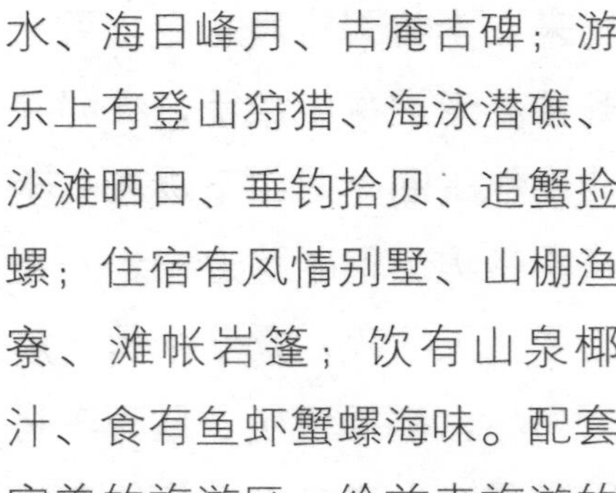

状的大土山。后来，土山渐渐变大，经千万年的风吹日晒，变成了一座岭，人们便把它叫做抱虎岭。随着文昌市内沿活开发战略规划的实施，今天的抱虎岭，以其自身的奇秀，同毗邻的鸡毛湾、银石、湾州、陵产等海湾海岩景观，组成一个景观上有岭峰海石、奇岩秀礁、绿山碧水、海日峰月、古庵古碑；游乐上有登山狩猎、海泳潜礁、沙滩晒日、垂钓拾贝、追蟹捡螺；住宿有风情别墅、山棚渔寮、滩帐岩篷；饮有山泉椰汁、食有鱼虾蟹螺海味。配套完美的旅游区，给前来旅游的海内外人士留下无穷回味。

## 虎山长城

虎山位于辽宁丹东市城东十五公里的鸭绿江畔，是国家级鸭绿江风景名胜区的一个重要景区，隔江与朝鲜的于赤岛和新义州相望。

虎山原名马耳山，因两个并排高耸山峰，状似两只竖立的虎耳，亦称虎耳山，至清代演化为今日的虎山，虎山突起于鸭绿江边，平地孤耸，视野开阔，对岸朝鲜的田地、房屋一览无余。作为国门，长城选址虎山，确有军事意义，丹东历次被外敌入侵，虎山首当其冲，总被视为军事要塞，最先遭到攻击，任何一个懂得军事的人都知道，占据制高点，就等于控制了战斗的主动权。在虎山建长城顺理成章，睿智的中国先人，身受卫国之命，责任、义务和自家性命，都不容他们不选择虎山为屏障。明

巡抚都御史王之浩登监虎山要塞时，曾写下《登马耳山望朝鲜》一诗。

虎山面积四平方公里，主峰高146.3米。峰顶是万里长城的第一个烽火台。站在烽火台上环顾四周，朝鲜的义州城、中国的马市沙洲和连接丹东与新义州的鸭绿江大桥清晰可见。

虎山环境优美，是早年安东八大名景之一，这里有长城、睡佛、虎口崖等二十八个景点，是丹东城郊绝好的旅游胜地。

规划中的虎山绿水萦绕，山上长城起伏，环山湖游艇穿梭直通鸭绿江，绿树山花与湖水相映，风景如面。这里将建设民俗村、边贸市场、长城博物馆、美食街等。经国家批准正在修复的虎山长城已竣工730多延长米。不久沿江游览路将直通虎山景区，从市区到虎山只需十几分钟就能到达。未来的虎山将是集游览、娱乐、度假、科研于一体的深受游客青睐的旅游区。

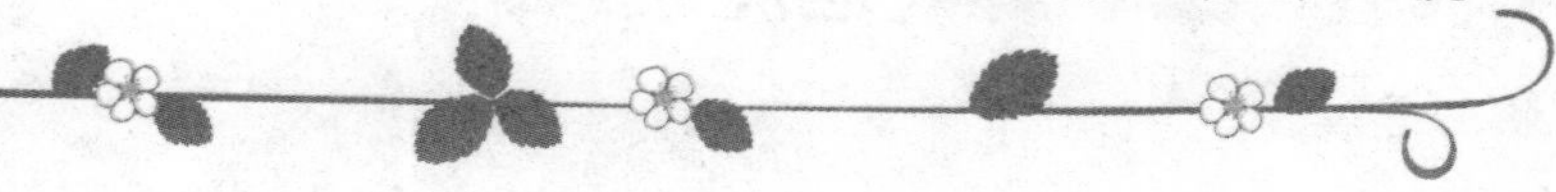

# 龙虎山

龙虎山原名云锦山。东汉中叶，第一代天师张道陵（张鲁的祖父）在此肇基炼九天神丹，“丹成而龙虎见，山因以名”。张天师在龙虎山承袭六十三代，历经一千九百多年，是我国一姓嗣教最长的道派，素有“北孔（孔夫子）南张（张天师）”之称，“百神授职之所”的大上清宫，始建于东汉，为祖天师张道陵修道之所，道教兴盛时期曾建有九十一座道宫，八十一座道观，五十座道院，二十四殿，三十六院。宫内伏魔殿的镇妖井，就是施耐庵笔下梁山一百零八将的出处。

龙虎山山之得名有二说，《广信府志•山川篇》谓其为象山山脉之一支，历台山西

行数十里，折而南，分两支，环抱状若龙盘虎踞，故名；《龙虎山志》载云："山本名云锦山，第一代天师于此炼九天神丹，丹成而龙虎见，因以山名。"

龙虎山是国家重点风景名胜区，位于江西省鹰潭市郊西南20公里处，是我国道教的发祥地之一，同时也是一处风光奇佳的风水宝地，被评为国家AAAA级风景名胜区、国家地质公园。这里，源远流长的道教文化、独具特色的碧水丹山、千古未解的崖墓奇观和绝世无双的生殖崇拜景观，构成了龙虎山风景旅游区自然景观和人文景观的"四绝"。这一切无不让游人感

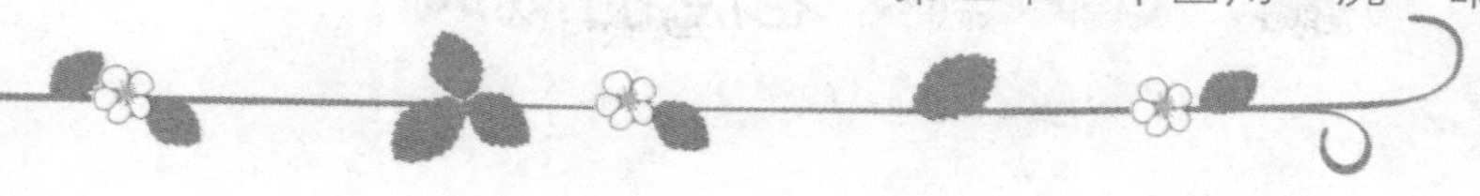

受到道教奇特而神秘的力量。

整个景区面积200多平方公里。境内峰峦叠嶂，树木葱笼，碧水常流，如缎如带，并以二十四岩、九十九峰、一百零八景著称；道教宫观庙宇星罗棋布于山巅峰下河旁岩上，据山志所载原有大小道教建筑五十余处，其中著名的如上清宫、正一观、天师府、静应观、凝真观、元禧观、逍遥观、天谷观、灵宝观、云锦观、祈真观、金仙观、真应观等等，因屡遭天灾兵火，大部分建筑先后被毁废，今仅存天师府一座，为全国道教重点开放宫观之一。《云笈七签》卷二十七《洞天福地》载

其为道教七十二福地之中的第三十二福地（历代天师及《龙虎山志》称之为道教第二十九福地），享有"仙灵都会"、"仙人城"之誉。《水浒传》第一回"张天师祈禳瘟疫，洪太尉误走妖魔"就以"千峰竞秀、万壑争流。瀑布斜飞、藤萝倒挂"这样生动的文字描写这里的景色。

作为中国土生土长的宗教,道教与风水的关系是很奇妙的。他们有共同生成的背景和思想基础，如古代民间的巫术，神仙传说，阴阳五行八卦学说等等。《易经》更是这样它们之间强有力的纽带。对自然界"生气"的热烈向往，对宇宙图案的神秘附会，对色彩，数字，防卫的特殊处理,对人体结构的抽象模拟。甚至风水的经典着作《宅经》，也被收入《道藏》。而风水中最佳环境的四灵——青

龙，白虎，朱雀，玄武，则又是道教的保护神。

中国古代建筑受风水影影响最大的就是追求一个适宜的大地气场，即对人的生长发育最为有利的外部环境。这个环境要山青水绕，风调雨顺。因为有山便有“骨”，有水便能“活”，山水相匹，相得益彰。所以，几乎所有风水环境均讲究山水相配，并按照一定的风水空空结构进行组合。为什么许多风水地能成为人们修心养性、休养生息的理想场所呢？原因在于其山水组合合理，能给人一种幽雅舒适、心旷神怡的感觉。由此来说，“地灵人杰”并非没有道理的，也难怪人们会孜孜以求地追求合理组合的山水环境。

龙虎山为国家AAAA级风景名胜区，是2009年经国务院批准的我国向联合国教科文组织世界自然遗产中心推荐的中国丹霞[龙虎山（包括龟峰）等六处风景名胜区组合申报]项目，是2010年中国唯一申请的国家遗产项目。

# 虎 丘

虎丘原名海涌山，据《史记》记载：吴王阖闾葬于此。传说葬后三日有“白虎蹲其上”故名。虎丘占地仅三百余亩，山高仅三十多米，却有“江左丘壑之表”的风范，绝岩耸壑，气象万千，并有三绝九宜十八景之胜，其中最为著名的是云岩寺塔、剑池和千人石；高耸入云的云岩寺塔已有一千多年历史，是世界第二斜塔，古朴雄奇，早已成为

苏州古城的标志性建筑；剑池幽奇神秘，埋有吴王阖闾墓葬的千古之谜，令人留连忘返；千人石气势磅礴，留下了“生公讲座，下有千人列坐”的佳话。位于虎丘西麓的万景山庄汇集苏派盆景之精华，借山光塔影，恬美如画；虎丘后山植被茂密，林相丰富，群鸟绕塔盘旋，蔚为壮观。近两年又恢复了“虎丘十景”中的“西溪环翠”和“书台松影”两处景点，2005年又完成了虎丘山灯光亮化一期

工程，千年斜塔在夜色的映衬下熠熠生辉，成为苏州古城夜景的新亮点。

虎丘位于苏州古城西北角的虎丘山风景名胜区，已有二千五百多年悠久历史，素有“吴中第一名胜”的美誉，宋代大诗人苏东坡曾经吟诵道“到苏州不游虎丘乃憾事也！”的千古名言，因此虎丘成为旅游者的神往之地。景区现有面积100公顷，保护区面积475.9公顷，作为苏州的一个重要旅游窗口，虎丘屡获殊荣，先后评为全国首批十佳文明风景旅游区示范点，全国AAAA级风景区，并于2001年12月份通过了ISO9001—14001双体系认证。

虎丘还是苏州民间集会的重要场所，根据吴地“三市三节”的历史，虎丘山风景名胜区管理处每年春季都举

办艺术花会，展出牡丹、郁金香、比利时杜鹃、百合等大批名贵花卉17万盆，数百个品种；秋季举办民俗风情浓郁的民俗庙会，展演南北交融的民俗节目，深受游客喜爱，一年两会已成为苏州特色旅游项目中的热点节目。景区还在2004年春节推出了春节特色花展，主展催花牡丹，随着景区灯光亮化工程的顺利竣工，景区还将推出中秋赏月灯会等特色游览活动。

虎丘山风景名胜区在保护开发风景名胜资源时，向五湖四海的游人展现了一幅吴地文化与江南山水完美结合的秀美画卷，是华东众多旅游景区中一颗璀璨的明珠。

虎丘古迹很多，传说丰富，集林泉之致，丘豁之韵，堪称“吴中第一名胜”。

入虎丘后，沿山路而上，一路可见著名的虎丘十八景。这些名胜古迹都有许多引人入胜的历史传说和神话故事。十八景中，首屈一指的是云岩寺塔，也就是虎丘塔。虎丘塔是建于宋代（公元961年）的平面八角砖塔，共7层，高47.5米。由于地基的原因，塔身自400年前就开始向西北方向倾斜。据初步测量，塔顶部中心点距中心垂直线偏离已达2.3米（世界著名的意大利比萨斜塔，其塔顶偏离4.4米）。1956年在塔内发现大量文物，其中有越窑莲花碗罕见的艺术珍品。

在千人石正北石壁上，镌刻着四个大字：“虎丘剑池”。据说这四字出自唐代大

书法家颜真卿的手笔。另有传说，现在的虎丘二字已非颜氏原书，而是后人补书刻上去的，所以在当地有“真剑池、假虎丘”的说法。所谓剑池是在崖壁下有一窄如长剑的水池。吴王阖闾墓可能在这里，相传当时曾以鱼肠剑和其他宝剑3千为吴王殉葬，故名剑池。

山上有一石井，传为唐代陆羽所挖，称为“陆羽井”。陆羽是我国第一部茶书——《茶经》的作者。据《苏州府志》记载，陆羽曾长期寓居虎丘，他一边研究茶叶，一边著作《茶经》。他发现虎丘山泉甘甜可口，评为“天下第五泉”。

【三市三节——何谓三市，春之牡丹市、夏之乘凉市、秋之木樨市，便为三市；何为三节，清明节、七月半(中元)、十月朝(月朔)三个庙会便为三节。】

# 虎门

虎门是名闻中外的历史重镇，是广东“四小虎”——东莞市的三大镇之一，位处虎门大桥东端，广深珠高速公路枢纽中心。虎门，经济繁荣，财税收入连年位居全国乡镇榜首，工商业发达，是珠江三角洲最重要的商品集散地，中国时装名城，历史名城，旅游名城。

虎门镇位于东莞市西南，珠江口的东岸，中心坐标东经113° 49′ 33″，北纬22° 49′ 38″，面积170平方公里，辖下3个居民区，属镇级行政建制，镇治地为太平。雄踞珠江东岸，毗邻广州、深圳、香港、珠海和澳门，南临伶仃洋，面积170平方公里，常住人口约11.5万人，外来人口约50多万人。

虎门是一块英雄的土地，虎门人文历史悠久，旅游资源丰富，从远古的新石器时代贝丘遗址，到160年前，民族英雄林则徐率领民众虎门销烟御敌，写下了悲壮的中国近代史第一页；从抗日名将蒋光鼐的故居，到热血洒虎门的民主革命战士朱执信纪念碑，无不辉映着这片英雄的土地！

如今，英雄的虎门后人继往开来，一座充满活力、动感无限的现代化城市正在崛起。她，博古通今，不仅有鸦片战争的博物馆、海战馆、威远炮台等爱国主义教育基地，还有我国第一座大型悬索桥——“世界第一跨”虎门大桥；她，秀丽多姿，不仅拥有五星级的龙泉国际大酒店、豪门大饭店等完善

虎門大橋

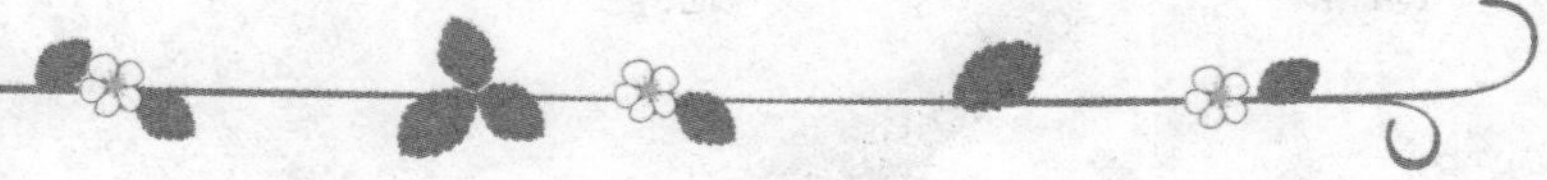

的旅游度假设施，还有洋溢自然魅力的青山秀水；她，风情万种，既有白沙油鸭、虎门膏蟹、南面麻虾、狮子鱼等风味河鲜海鲜，又有龙舟竞渡、荔枝节等岭南风情民俗。

在不久的将来，集军事主题博物公园、高科技主题公园、虎门大桥、大桥观景台、歌剧院、高级休闲度假商住区等精彩项目于一身的威远岛旅游开发区，将以崭新面貌呈现在世人面前，为虎门增添无限魅力。

# 虎门销烟

虎门销烟是指中国清朝政府委任钦差大臣林则徐在广东虎门集中销毁鸦片的历史事件。1839年6月3日（即清宣宗道光十九年岁次己亥四月廿二），林则徐下令在虎门海滩当众销毁鸦片，至6月25日结束，共历时23天，销毁鸦片19,187箱和2119袋，总重量2,376,254斤。此事后来成为第一次鸦片战争的导火线，《南京条约》也是那次战争时清政府签订的。虎门销烟成为打击毒品的历史事件。虎门销烟开始的6月3日，民国时被定为不放假的禁烟节，而销烟结束翌日即6月26日也正好是国际禁毒日。